2016
中国环境质量报告

中华人民共和国生态环境部　编

中国环境出版集团・北京

图书在版编目（CIP）数据

2016 中国环境质量报告/中华人民共和国生态环境部编. —北京：中国环境出版集团，2018.5
ISBN 978-7-5111-3528-5

Ⅰ. ①2… Ⅱ. ①中… Ⅲ. ①环境质量—研究报告—中国—2016 Ⅳ. ①X821.209

中国版本图书馆 CIP 数据核字（2018）第 023720 号

审图号：GS（2018）2141 号

出 版 人　武德凯
责任编辑　董蓓蓓　谷妍妍
责任校对　任　丽
封面设计　彭　杉

出版发行　中国环境出版集团
（100062　北京市东城区广渠门内大街 16 号）
网　　址：http://www.cesp.com.cn
电子邮箱：bjgl@cesp.com.cn
联系电话：010-67112765（编辑管理部）
发行热线：010-67125803，010-67113405（传真）
印　　刷　北京中科印刷有限公司
经　　销　各地新华书店
版　　次　2018 年 5 月第 1 版
印　　次　2018 年 5 月第 1 次印刷
开　　本　787×1092　1/16
印　　张　9.75
字　　数　222 千字
定　　价　60.00 元

《2016中国环境质量报告》编委会名单

俞　洁　（浙江省环境监测中心）
王　欢　（安徽省环境监测中心站）
陈文花　（福建省环境监测中心站）
刘　辉　（江西省环境监测中心站）
于光金　（山东省环境监测中心站）
安国安　（河南省环境监测中心）
王瑞妮　（湖北省环境监测中心站）
郭　卉　（湖南省环境监测中心站）
严惠华　（广东省环境监测中心）
陆晓艳　（广西壮族自治区环境监测中心站）
刘　彬　（海南省环境监测中心站）
黄　伟　（重庆市生态环境监测中心）
杨　兵　（重庆市生态环境监测中心）
周　淼　（四川省环境监测总站）
曾昭婵　（贵州省环境监测中心站）
王　健　（云南省环境监测中心站）
梅　朵　（西藏自治区环境监测中心站）
丁　强　（陕西省环境监测中心站）
常　毅　（甘肃省环境监测中心站）
初　春　（青海省环境监测中心站）
张卫红　（宁夏回族自治区环境监测中心站）
郭宇宏　（新疆维吾尔自治区环境监测总站）
孙宇颖　（新疆生产建设兵团环境监测中心站）
孙亚敏　（生态环境部辐射环境监测技术中心）
王益鸣　（浙江省舟山海洋生态环境监测站）
强　杰　（石家庄市环境监测中心）

主 编 单 位　中国环境监测总站

参加编写单位　生态环境部辐射环境监测技术中心

浙江省舟山海洋生态环境监测站

资料提供单位　各省（区、市）环境监测中心（站）

各省辖市（地区、州、盟）环境监测（中心）站

前 言

《2016 中国环境质量报告》以国家环境监测网和国家辐射环境监测网监测数据为基础，对 2016 年全国环境质量状况进行了全面梳理和分析，总结了我国主要环境质量问题和总体情况。

本报告中环境质量状况监测数据来源于国家环境监测网和国家辐射环境监测网。国家环境监测网包括：338 个地级及以上城市的 1 436 个城市环境空气质量监测点位，978 条河流和 112 座湖（库）的 1 940 个地表水水质评价、考核、排名断面（点位），338 个地级及以上城市和部分县级城市的近 1 000 个降水监测点位，338 个地级及以上城市的集中式饮用水水源水环境监测网，417 个近岸海域环境监测点位，338 个地级及以上城市的近 80 000 个城市声环境监测点位，全国 31 个省（区、市）的 645 个生态点位、10 个区域重点站和 1 个定位监测站。国家辐射环境监测网包括：1 403 个环境电离辐射监测点位、44 个环境电磁辐射监测点位和 9 个核电基地。

本报告中监测数据除特殊说明外，均未包括台湾省、香港特别行政区和澳门特别行政区。

目　录

第一篇　监测概况和评价方法

1.1　空气质量 3
1.2　降水 4
1.3　淡水水质 5
1.4　近岸海域 11
1.5　城市声环境质量 13
1.6　生态环境质量 16
1.7　农村环境质量 18
1.8　辐射环境质量 19

第二篇　环境质量状况

2.1　城市环境空气质量 23
2.2　降水 54
2.3　淡水水质 59
2.4　近岸海域 86
2.5　城市声环境质量 101
2.6　生态环境质量 107
2.7　农村环境质量 110
2.8　辐射环境质量 113

第三篇　总 结

3.1 $PM_{2.5}$是影响338个城市环境空气质量的主要污染指标 135
3.2 酸雨发生面积略有减少，南方酸雨发生频率较高 135
3.3 全国地表水水质稳中趋好，部分断面持续污染严重 135
3.4 全国近岸海域水质总体一般 135
3.5 城市道路交通两侧区域夜间噪声污染较严重 136
3.6 全国生态环境质量“一般” 136
3.7 全国辐射环境质量总体良好 136

附表 137

第一篇

监测概况和评价方法

1.1 空气质量

1.1.1 监测情况

1.1.1.1 地级及以上城市环境空气

2016 年，全国城市环境空气质量监测网涵盖的 338 个地级及以上城市（含直辖市、地级市、地区、自治州和盟，全书同）向中国环境监测总站实时报送城市环境空气质量监测指标的监测数据，实时监测数据经地方审核、总站复核后用于城市环境空气质量达标评价和变化趋势分析。监测指标为二氧化硫（SO_2）、二氧化氮（NO_2）、可吸入颗粒物（PM_{10}）、一氧化碳（CO）、臭氧（O_3）和细颗粒物（$PM_{2.5}$）六项污染物。

1.1.1.2 温室气体

2016 年，31 个温室气体城市站中，25 个城市参与 CO_2 监测结果评价，17 个城市参与 CH_4 监测结果评价；9 个温室气体背景站中，9 个参与 CO_2 监测结果评价，8 个参与 CH_4 监测结果评价，4 个参与 N_2O 监测结果评价。

1.1.1.3 背景站和区域站

2016 年，全国 15 个背景站中，14 个背景站（山西庞泉沟站、内蒙古呼伦贝尔站、吉林长白山站、福建武夷山站、山东长岛站、湖北神农架站、湖南衡山站、广东南岭站、海南五指山站、四川海螺沟站、云南丽江站、西藏纳木错站、青海门源站、新疆喀纳斯站）正常运行，西沙背景站尚未正常运行。2016 年背景站环境空气质量评价采用 14 个背景站有效监测数据进行评价。

1.1.2 评价方法和依据标准

1.1.2.1 地级及以上城市环境空气

2016 年，城市环境空气质量现状评价依据《环境空气质量标准》（GB 3095—2012）和《环境空气质量评价技术规范（试行）》（HJ 663—2013）。

城市环境空气质量达标情况评价指标为 SO_2、NO_2、PM_{10}、$PM_{2.5}$、CO 和 O_3，六项污染物全部达标为城市环境空气质量达标。

SO_2、NO_2、PM_{10} 和 $PM_{2.5}$ 年度达标情况由该项污染物年平均浓度对照《环境空气质量标准》（GB 3095—2012）中年平均标准确定；CO年度达标情况由CO日均值第95百分位数浓度对照《环境空气质量标准》（GB 3095—2012）中24小时平均标准确定；O_3年度达标情况由O_3日最大8小时平均第90百分位数浓度对照《环境空气质量标准》（GB 3095—2012）中8小时平均标准确定。达到或好于国家环境空气质量二级标准为达标，超过二级标准为超标。

表1.1-1 《环境空气质量标准》（GB 3095—2012）部分污染物浓度限值

污染物名称	取值时间	浓度单位	浓度限值	
			一级标准	二级标准
二氧化硫（SO_2）	年平均	μg/m^3	20	60
二氧化氮（NO_2）	年平均	μg/m^3	40	40
可吸入颗粒物（PM_{10}）	年平均	μg/m^3	40	70
细颗粒物（$PM_{2.5}$）	年平均	μg/m^3	15	35
一氧化碳（CO）	24小时平均	mg/m^3	4.0	4.0
臭氧（O_3）	8小时平均	μg/m^3	100	160

1.1.2.2 温室气体

温室气体数据分析参照《环境空气质量标准》（GB 3095—1996）中常规气态污染物的有效性规定，即每日至少有18 h的采样时间则计算日均值，每个月至少有分布均匀的12个有效日均值作为数据统计有效性要求。

1.1.2.3 背景站和区域站

2016年，背景站环境空气质量评价采用14个背景站有效监测数据进行评价。依据《环境空气质量标准》（GB 3095—2012）和《环境空气质量评价技术规范（试行）》（HJ 663—2013），分别对SO_2、NO_2、PM_{10}和$PM_{2.5}$四项污染物年均值，CO日均值第95百分位数浓度及O_3日最大8小时第90百分位数浓度的达标情况进行评价。

1.2 降水

1.2.1 监测情况

2016年，全国474个城市（区、县）949个监测点位（其中2/3为城区点，1/3为郊区点）报送了降水监测数据，包括降水量、降水pH值、电导率，其中383个城市对SO_4^{2-}、NO_3^-、F^-、Cl^-、NH_4^+、Ca^{2+}、Mg^{2+}、Na^+和K^+9种离子成分全部进行了监测。

1.2.2 评价方法和依据标准

降水 pH 值低于 5.6 为酸雨，pH 值低于 5.0 为较重酸雨，pH 值低于 4.5 为重酸雨。用降水 pH 年均值和酸雨出现的频率评价酸雨状况。酸雨城市指降水 pH 年均值低于 5.6 的城市，较重酸雨城市指降水 pH 年均值低于 5.0 的城市，重酸雨城市指降水 pH 年均值低于 4.5 的城市。

1.3 淡水水质

1.3.1 监测情况

1.3.1.1 地表水

2016 年，地表水水质监测按照中华人民共和国环境保护部《关于印发〈“十三五”国家地表水环境质量监测网设置方案〉的通知》开展。国家地表水环境监测网覆盖全国主要河流干流及重要的一级、二级支流，兼顾重点区域的三级、四级支流，重点湖泊、水库等。共设置国控断面（点位）2 767 个（河流断面 2 424 个、湖库点位 343 个），其中评价、考核、排名断面（点位）共 1 940 个（简称国考断面），入海控制断面共 195 个（其中 85 个同时为评价、考核、排名断面），趋势科研断面共 717 个。

用于地表水环境质量评价的 1 940 个国考断面包括：长江、黄河、珠江、松花江、淮河、海河和辽河七大流域，浙闽片河流、西北诸河和西南诸河，太湖、滇池和巢湖环湖河流等共 978 条河流的 1 698 个断面；太湖、滇池、巢湖等 112 个（座）重点湖库的 242 个点位（60 个湖泊 173 个点位，52 座水库 69 个点位）。

监测指标为《地表水环境质量标准》（GB 3838—2002）表 1 规定的 24 项。河流增测电导率和流量，湖库增测透明度、叶绿素 a 和水位等指标。采样时间为每月 1 日—10 日。

1.3.1.2 饮用水水源

2016 年，按照环境保护部《全国集中式生活饮用水水源地水质监测实施方案》的相关要求，对全国 31 个省份的 338 个地级及以上城市的 897 个在用集中式生活饮用水水源开展水质常规监测，每个水源布设 1 个监测断面（点位），每月上旬采样监测 1 次。

地表水水源每月监测《地表水环境质量标准》（GB 3838—2002）表 1 的基本项目（23 项，化学需氧量除外）、表 2 的补充项目（5 项）和表 3 的优选特定项目（33 项），共 61 项指标，并统计取水量；地下水水源每月监测《地下水质量标准》（GB/T 14848—93）中的23项，并统计取水量。

1.3.1.3 生物试点监测

2015年（因实验室分析周期较长，评价结果滞后一年），中国环境监测总站组织黑龙江、吉林和内蒙古三省（区）的13个监测站，在松花江流域14条河流和7个湖泊（水库）的60个断面（共77个采样点位）开展水生生物试点监测。监测内容包括生境调查、生物群落监测、鱼类生物残留与生长观测。其中，生境调查包括水质感官状况、河流/湖库栖境、人为干扰和自然因素；生物群落监测包括着生藻类、浮游植物和底栖动物的群落结构与种类组成；鱼类生物残留与生长观测包括检测鱼类的重金属和有机物残留情况，以及对鱼类生殖系统的组织切片观察和肝脏遗传毒性检测。监测时间与频次按水期选定，生物群落监测于每年6月、9月采样两次，鱼类生物残留监测于每年5—6月采样一次。

1.3.1.4 “三湖一库”水华预警监测

监测范围包括“三湖”湖体、太湖饮用水水源地和太湖26条环湖河流。其中，太湖湖体监测点位20个，饮用水水源地监测点位3个，环湖河流监测断面26个；巢湖湖体监测点位12个，东、西半湖各6个；滇池监测点位10个，外海8个、草海2个。

“三湖”湖体监测水温、透明度、pH值、溶解氧、氨氮、高锰酸盐指数、总氮、总磷、叶绿素a和藻类密度（鉴别优势种），卫星遥感监测水华面积；环湖河流监测水温、pH值、溶解氧、氨氮、高锰酸盐指数、总氮和总磷。

太湖监测时间为2016年4月18日—10月31日，3个饮用水水源地监测频次为1次/d，20个湖体点位和26个环湖河流断面监测频次为1次/周（周一至周三），卫星遥感监测湖体水华频次为1次/d；巢湖监测时间为2016年4月18日—10月31日，12个湖体点位监测频次为1次/周，卫星遥感监测湖体水华频次为1次/d；滇池监测时间为2016年4月18日—10月31日，10个湖体点位监测频次为1次/周（周一至周三），卫星遥感监测湖体水华频次为2～3次/周。

三峡库区在受到长江干流回水顶托作用影响的38条长江主要支流以及水文条件与其相似的坝前库湾水域布设77个营养监测断面。

1.3.2 评价方法和依据标准

按照环境保护部《关于印发〈地表水环境质量评价办法（试行）〉的通知》要求，水质评价指标为《地表水环境质量标准》（GB 3838—2002）表1中除水温、总氮（TN）和粪大肠菌群以外的21项指标，即pH值、溶解氧（DO）、高锰酸盐指数（COD_{Mn}）、化学需氧量（COD）、五日生化需氧量（BOD_5）、氨氮（NH_3-N）、总磷（TP）、铜、锌、氟化物、硒、砷、汞、镉、铬（六价）、铅、氰化物、挥发酚、石油类、阴离子表面活性剂和硫化物。总氮和粪大肠菌群作为参考指标单独评价（河流总氮除外），水温仅作为参考指标。湖（库）营养状态评价指标为叶绿素 a、总磷、总氮、透明度（SD）和高锰酸盐指数共 5 项。

水质评价依据《地表水环境质量标准》（GB 3838—2002），按Ⅰ类～劣Ⅴ类 6 个类别进行评价。湖（库）营养状态评价依据《关于印发〈地表水环境质量评价办法（试行）〉的通知》，按贫营养～重度富营养五个级别进行评价。

1.3.2.1 河流

（1）断面水质评价

河流断面水质评价采用单因子评价法，即根据评价时段内该断面参评的指标中类别最高的一项来确定。描述断面的水质类别时，使用“符合”或“劣于”等词语。

表 1.3-1 断面水质定性评价

水质类别	水质状况	表征颜色	水质功能
Ⅰ、Ⅱ类	优	蓝色	饮用水水源一级保护区、珍稀水生生物栖息地、鱼虾类产卵场、仔稚幼鱼的索饵场等
Ⅲ类	良好	绿色	饮用水水源二级保护区、鱼虾类越冬场、洄游通道、水产养殖区、游泳区
Ⅳ类	轻度污染	黄色	一般工业用水和人体非直接接触的娱乐用水
Ⅴ类	中度污染	橙色	农业用水及一般景观用水
劣Ⅴ类	重度污染	红色	除调节局部气候外，使用功能较差

（2）河流、流域（水系）水质评价

当河流、流域（水系）的断面总数少于 5 个时，分别计算各断面各项评价指标的浓度算术平均值，然后按照上述“（1）断面水质评价”方法评价，并按表 1.3-1 指出每个断面的水质类别和水质状况。

当河流、流域（水系）的断面总数在 5 个（含 5 个）以上时，采用断面水质类别比例法评价，即根据河流、流域（水系）中各水质类别的断面数占河流、流域（水系）所有评价断面总数的百分比来评价其水质状况，不作平均水质类别的评价（表 1.3-2）。

表 1.3-2 河流、流域（水系）水质定性评价

水质类别比例	水质状况	表征颜色
Ⅰ～Ⅲ类水质比例≥90%	优	蓝色
75%≤Ⅰ～Ⅲ类水质比例＜90%	良好	绿色
Ⅰ～Ⅲ类水质比例＜75%，且劣Ⅴ类比例＜20%	轻度污染	黄色
Ⅰ～Ⅲ类水质比例＜75%，且 20%≤劣Ⅴ类比例＜40%	中度污染	橙色
Ⅰ～Ⅲ类水质比例＜60%，且劣Ⅴ类比例≥40%	重度污染	红色

（3）地表水主要污染指标的确定方法

①断面主要污染指标的确定方法。

评价时段内，断面水质为“优”或“良好”时，不评价主要污染指标。断面水质劣于Ⅲ类标准时，先按照不同指标对应水质类别的优劣，选择水质类别最差的前三项指标作为主要污染指标；当不同指标对应的水质类别相同时计算超标倍数，将超标指标按其超标倍数大小排列，取超标倍数最大的前三项为主要污染指标。当氰化物或铅、铬等重金属超标时，应优先作为主要污染指标列入。

确定了主要污染指标的同时，应在指标后标注该指标浓度超过Ⅲ类水质标准的倍数，即超标倍数。水温、pH 值和溶解氧等项目不计算超标倍数。

$$\text{超标倍数}=\frac{\text{某指标的浓度值}-\text{该指标的Ⅲ类水质标准}}{\text{该指标的Ⅲ类水质标准}}$$

②河流、流域（水系）主要污染指标的确定方法。

将水质劣于Ⅲ类标准的指标按其断面超标率大小排列，取断面超标率最大的前三项为主要污染指标；断面超标率相同时，按照超标倍数大小排列确定。对于断面数少于 5 个的河流、流域（水系），按“①断面主要污染指标的确定方法”确定每个断面的主要污染指标。

$$\text{断面超标率}=\frac{\text{某评价指标超过Ⅲ类标准的断面（点位）个数}}{\text{断面（点位）总数}}$$

1.3.2.2 湖（库）

（1）水质评价

①湖（库）单个点位的水质评价按照 1.3.2.1 中“（1）断面水质评价”方法进行。

②当一个湖（库）有多个监测点位时，先分别计算所有点位各项评价指标浓度的算术平均值，然后按照 1.3.2.1 中“（1）断面水质评价”方法评价。

③湖（库）多次监测结果的水质评价，先按时间序列计算湖（库）各个点位各项评价指标浓度的算术平均值，再按空间序列计算湖（库）所有点位各个评价指标浓度的算术平均值，然后按照 1.3.2.1 中“（1）断面水质评价”方法评价。

④对于大型湖（库），亦可分不同的湖（库）区进行水质评价。

⑤河流型水库按照河流水质评价方法进行评价。

（2）营养状态评价

①评价方法。

采用综合营养状态指数法（TLI（∑））。

②营养状态分级。

采用 0～100 的一系列连续数字对湖（库）营养状态进行分级：

TLI（∑）＜30　　　贫营养
30≤TLI（∑）≤50　　中营养
TLI（∑）＞50　　　富营养
50＜TLI（∑）≤60　　轻度富营养
60＜TLI（∑）≤70　　中度富营养
TLI（∑）＞70　　　重度富营养

③综合营养状态指数。

综合营养状态指数计算公式如下：

$$\mathrm{TLI}(\Sigma)=\sum_{j=1}^{m}W_j\cdot\mathrm{TLI}(j)$$

式中，TLI(∑)——综合营养状态指数；

W_j——第 j 种参数的营养状态指数的相关权重；

TLI(j)——第 j 种参数的营养状态指数。

以叶绿素 a（chla）作为基准参数，则第 j 种参数的归一化的相关权重计算公式为

$$W_j=\frac{r_{ij}^2}{\sum_{j=1}^{m}r_{ij}^2}$$

式中，r_{ij}——第 j 种参数与基准参数 chla 的相关系数；

m——评价参数的个数。

表 1.3-3　湖（库）部分参数与 chla 的相关关系 r_{ij} 及 r_{ij}^2 值

参数	叶绿素 a（chla）	总磷（TP）	总氮（TN）	透明度（SD）	高锰酸盐指数（COD_{Mn}）
r_{ij}	1	0.84	0.82	−0.83	0.83
r_{ij}^2	1	0.705 6	0.672 4	0.688 9	0.688 9

（3）各项目营养状态指数计算

TLI（chla）=10（2.5+1.086lnchla）

TLI（TP）=10（9.436+1.624lnTP）

TLI（TN）=10（5.453+1.694lnTN）

TLI（SD）=10（5.118−1.94lnSD）

TLI（COD_{Mn}）=10（0.109+2.661lnCOD_{Mn}）

式中，chla 单位为 mg/m^3；SD 单位为 m；其他指标单位均为 mg/L。

1.3.2.3 饮用水水源

地级及以上城市集中式饮用水水源水质评价依据《地表水环境质量标准》（GB 3838—2002）和《地下水质量标准》（GB/T 14848—93），其中地表水水源水质评价方法参照《地表水环境质量评价方法（试行）》。

水源评价采用单因子评价法，分为达标和不达标两类。即，若水源所有评价指标均达到或优于Ⅲ类标准或相应标准限值，则该水源为达标水源，其取水量为达标取水量；若水源有一项指标劣于Ⅲ类标准或相应标准限值，则该水源为不达标水源，其取水量为不达标取水量。

1.3.2.4 生物试点

（1）生境评价

生境评价设置优先级为：水体功能（包括水质感官状况、河流/湖库栖境）＞人为干扰程度＞自然因素。对六项参数（河流/湖库栖境和人为干扰各含两项参数）每项从优到劣赋分10、7、4、1四个等级，每个监测断面生境总分由6项参数分值累加计算。

（2）藻类植物评价

藻类植物评价采用Shannon-Wienner多样性指数和Pielou均匀度指数对各断面的水体质量进行评价。

（3）底栖动物评价

底栖动物评价采用Trent指数、BMWP记分系统、每科平均记分值（ASPT）、生物学污染指数（BPI）、Chandler生物指数（CBI）、Margalef丰富度指数和FBI指数7种生物学指数进行评价。

除单一指数评价外，将各指数的评价等级进行赋分，划分为极清洁、清洁、轻污染、中污染和重污染及以下五个等级进行综合评价。

表1.3-4 底栖动物综合评价等级赋分表

评价等级分值		极清洁（9）	清洁（7）	轻污染（5）	中污染（3）	重污染及以下（1）
Trent指数		X	Ⅷ～Ⅸ	Ⅵ～Ⅶ	Ⅲ～Ⅴ	Ⅰ～Ⅱ
BMWP记分系统	溪流	＞100	71～100	41～70	11～40	0～10
	平原河流	＞81	51～80	25～50	10～24	0～9
ASPT	溪流	＞4.5	3.6～4.4	3.1～3.5	2.1～3.0	0～2.0
	平原河流	＞4.1	3.6～4.0	3.1～3.5	2.1～3.0	0～2.0
Chandler生物指数		＞300☆	45～300△		0～45	0
生物学污染指数		＜0.1	0.1～0.5	0.5～1.5	1.5～5	＞5
Margalef丰富度指数		＞3 ☆		3～1		＜1
FBI指数		0～3.50	3.51～5.00	5.01～5.75	5.76～7.25	7.26～10

☆以9分赋分，△以6分赋分。

1.3.2.5 “三湖一库”蓝藻水华预警监测

2016 年，“三湖一库”水华评价执行《水华程度分级标准》（暂行）和《水华规模分级标准》（暂行）。

表 1.3-5 水华程度分级标准（暂行）

藻类密度/（个/L）	水华程度
$<2.0\times10^6$	无明显水华
$\geqslant2.0\times10^6$	轻微水华
$\geqslant1.0\times10^7$	轻度水华
$\geqslant5.0\times10^7$	中度水华
$\geqslant1.0\times10^8$	重度水华

注：本分级标准现用于“三湖一库”水华特征评价，尚未正式发布。

表 1.3-6 水华规模分级标准（暂行）

遥感监测水华面积比例/%	水华规模
0	未见明显水华
>0	零星性水华
≥10	局部性水华
≥30	区域性水华
≥60	全面性水华

注：本分级标准现用于“三湖一库”水华特征评价，尚未正式发布。

1.4 近岸海域

1.4.1 监测情况

1.4.1.1 近岸海域海水

2016 年，全国近岸海域环境监测网成员单位按照水期开展 3 期监测，其中 1 期为全项目监测。共布设监测点位 417 个（渤海 81 个、黄海 91 个、东海 113 个、南海 132 个），涉及 11 个省份的 56 个沿海城市。

1.4.1.2 海水浴场

2016 年 6 月 1 日—9 月 30 日，中国环境监测总站组织 16 个沿海城市对 27 个海水浴场开展了水质监测工作，共监测 377 个次。

1.4.1.3 入海河流

2016年，监测的入海河流断面数为192个。

1.4.1.4 直排海污染源

2016年，对419个日排污水量大于100 m³的直排海工业污染源、生活污染源和综合排污口进行了监测。

1.4.2 评价方法和依据标准

1.4.2.1 近岸海域海水

近岸海域海水水质评价依据《海水水质标准》（GB 3097—1997）和《近岸海域环境监测规范》（HJ 442—2008）。评价指标为pH值、溶解氧、化学需氧量、生化需氧量、无机氮、非离子氨、活性磷酸盐、汞、镉、铅、六价铬、总铬、砷、铜、锌、硒、镍、氰化物、硫化物、挥发性酚、石油类、六六六、滴滴涕、马拉硫磷、甲基对硫磷、苯并[a]芘、阴离子表面活性剂、粪大肠菌群和大肠菌群共29项。

采用单因子评价法，即某一测点海水中任一评价指标超过一类海水标准，该测点水质即为二类，超过二类海水标准即为三类，依此类推。

表1.4-1 海水水质状况分级

水质类别比例	水质状况
一类≥60%且一、二类≥90%	优
一、二类≥80%	良好
一、二类≥60%且劣四类≤30%，或一、二类＜60%且一至三类≥90%	一般
一、二类＜60%且劣四类≤30%，或30%＜劣四类≤40%，或一、二类＜60%且一至四类≥90%	差
劣四类＞40%	极差

超标率依据《海水水质标准》（GB 3097—1997）中的二类海水标准值计算。全国主要污染指标按点位超标率10%以上确定，区域主要污染指标按点位超标率5%以上的前三位确定。

1.4.2.2 海水浴场

海水浴场水质评价依据《近岸海域环境监测规范》（HJ 442—2008）。

表 1.4-2 海滨浴场游泳适宜度分级规定

粪大肠菌群/（个/L）	漂浮物质	石油类/（mg/L）	质量等级	海水评价	游泳适宜度
≤100	海面不得出现油膜、浮沫和其他漂浮物质	≤0.05	一级	优	最适宜
101～1 000			二级	良	适宜
1 001～2 000			三级	一般	较适宜
＞2 000	海面无明显油膜、浮沫和其他漂浮物质	＞0.05	四级	差	不适宜

1.4.2.3 入海河流

评价方法与地表水水质相同。

1.4.2.4 直排海污染源

污染物入海总量计算方法如下：

①污染物浓度和污水流量实行同步监测的排污口。

污染物入海量（t/a）＝污染物平均浓度（mg/L）×污水平均流量（m^3/h）×污水排放时间（h/a）×10^{-6}

②未进行污染物浓度和污水流量同步监测的排污河（沟、渠）。

污染物入海量（t/a）＝污染物平均浓度（mg/L）×污水入海量（万 t/a）×10^{-2}

监测浓度和加权平均浓度低于检出限的项目，浓度按 1/2 计算，不计总量。

1.5 城市声环境质量

1.5.1 监测情况

1.5.1.1 城市区域

2016 年，全国共有 322 个地级及以上城市报送昼间区域声环境质量监测数据，监测 55 449 个点位，覆盖城市区域面积 27 671 km^2。31 个直辖市和省会城市区域声环境质量昼间监测覆盖面积 8 117 km^2。

1.5.1.2 道路交通

2016 年，全国共有 320 个地级及以上城市报送昼间道路交通声环境质量监测数据，监测 20 981 个点位，监测道路长度 35 216 km。31 个直辖市和省会城市监测道路长度 9 691 km。

1.5.1.3 功能区

2016年，全国共有309个地级及以上城市报送功能区声环境质量监测数据，各类功能区监测21 624点次，昼间、夜间各10 812点次。31个直辖市和省会城市各类功能区监测3 236点次，昼间、夜间各1 618点次。

1.5.2 评价方法和依据标准

1.5.2.1 城市区域

区域声环境质量评价依据《环境噪声监测技术规范　城市声环境常规监测》（HJ 640—2012），评价指标为昼间平均等效声级和夜间平均等效声级。城市环境噪声整体水平计算如下：

$$\overline{S}=\frac{1}{n}\sum_{i=1}^{n}L_i$$

式中，$\overline{S}$——城市区域昼间平均等效声级（$\overline{S}_d$）或夜间平均等效声级（$\overline{S}_n$），dB（A）；

L_i——第i个网格测得的等效声级，dB（A）；

n——有效网格总数。

根据计算结果按表1.5-1进行评价。

表1.5-1　城市区域环境噪声总体水平等级划分　　单位：dB（A）

等级	一级	二级	三级	四级	五级
昼间平均等效声级（$\overline{S}_d$）	≤50.0	50.1～55.0	55.1～60.0	60.1～65.0	>65.0
夜间平均等效声级（$\overline{S}_n$）	≤40.0	40.1～45.0	45.1～50.0	50.1～55.0	>55.0

1.5.2.2 道路交通

道路交通噪声评价依据《环境噪声监测技术规范　城市声环境常规监测》（HJ 640—2012）。评价指标为昼间平均等效声级和夜间平均等效声级。道路交通噪声监测的等效声级采用道路长度加权算术平均法，计算公式如下：

$$\overline{L}=\frac{1}{l}\sum_{i=1}^{n}\left(l_i\times L_i\right)$$

式中，$\overline{L}$——道路交通昼间平均等效声级（$\overline{L}_d$）或夜间平均等效声级（$\overline{L}_n$），dB（A）；

l——监测的道路总长，m；

$$l=\sum_{i=1}^{n} l_i$$

l_i ——第 i 测点代表的路段长度，m；

L_i ——第 i 测点测得的等效声级，dB（A）。

根据计算结果按表 1.5-2 进行评价。

表 1.5-2　道路交通噪声强度等级划分　　单位：dB（A）

等级	一级	二级	三级	四级	五级
昼间平均等效声级（$\overline{L}_d$）	≤68.0	68.1～70.0	70.1～72.0	72.1～74.0	＞74.0
夜间平均等效声级（$\overline{L}_n$）	≤58.0	58.1～60.0	60.1～62.0	62.1～64.0	＞64.0

1.5.2.3　功能区

城市功能区声环境质量评价依据《声环境质量标准》（GB 3096—2008）。评价指标为昼间、夜间监测点次的达标率。各功能区的昼间等效声级和夜间等效声级计算如下式，按表 1.5-3 中相应的环境噪声限值进行独立评价。各功能区按监测点次分别统计昼间、夜间达标率。

$$L_d=10\lg\left(\frac{1}{16}\sum_{i=1}^{16}10^{0.1L_i}\right)$$

$$L_n=10\lg\left(\frac{1}{8}\sum_{i=1}^{8}10^{0.1L_i}\right)$$

式中，L_d——昼间等效声级，dB（A）；

L_n——夜间等效声级，dB（A）；

L_i——昼间或夜间小时等效声级，dB（A）。

表 1.5-3　各类功能区环境噪声限值　　单位：dB（A）

功能区	0 类	1 类	2 类	3 类	4a 类	4b 类
昼间	≤50	≤55	≤60	≤65	≤70	≤70
夜间	≤40	≤45	≤50	≤55	≤55	≤60

1.6 生态环境质量

1.6.1 监测情况

1.6.1.1 全国

根据《2015 年全国环境监测方案》①，中国环境监测总站组织全国 31 个省份环境监测中心（站）开展全国生态环境监测与评价工作，对全国生态环境状况及变化趋势进行分析。数据主要以 Landsat8 OLI（502 景）、ZY-3（680 景）、GF-1/2（3 898 景）、MODIS NDVI（1 260 景）等多源遥感数据为主，以环境统计、水资源、基础地理信息、土壤侵蚀等数据为辅，遥感监测项目为土地利用/覆盖数据（6 大类、26 小项）。数据分析和处理方法统一执行《全国生态环境监测与评价实施方案》。

1.6.1.2 生态功能区

国家重点生态功能区评价范围为每年度中央财政国家重点生态功能区转移支付县域。2016 年，国家重点生态功能区转移支付县域总数为 724 个，其中 2016 年新增 169 个。按照生态功能类型划分，724 个县域中防风固沙类型有 76 个、水土保持类型有 170 个、水源涵养类型有 302 个、生物多样性维护类型有 176 个，分布在除辽宁、上海、江苏、浙江以及港澳台地区外的其他 27 个省份。

国家重点生态功能区县域生态环境质量监测包括自然生态状况（林地、草地、水域湿地、耕地、建设用地等）监测、地表水水质监测、集中式饮用水水源地水质监测、空气质量监测、污染源监测。其中自然生态状况采用遥感手段监测，以国产高分影像为主要数据源，解译县域范围林、草、水域湿地、耕地、建设用地等各类生态类型。地表水、集中式饮用水水源地、空气质量和污染源均采用手工监测，其中地表水共布设监测断面 1 462 个，按月监测；集中式饮用水水源地布设监测点位 878 个，其中地表水水源地按季度监测，地下水水源地每半年监测一次；空气质量布设监测点位 838 个，其中自动监测点位 515 个；废水、废气污染源及污水处理厂共 2 493 个，按季度开展监测。

①受数据收集时间所限，生态环境质量评价较其他环境要素滞后一年。

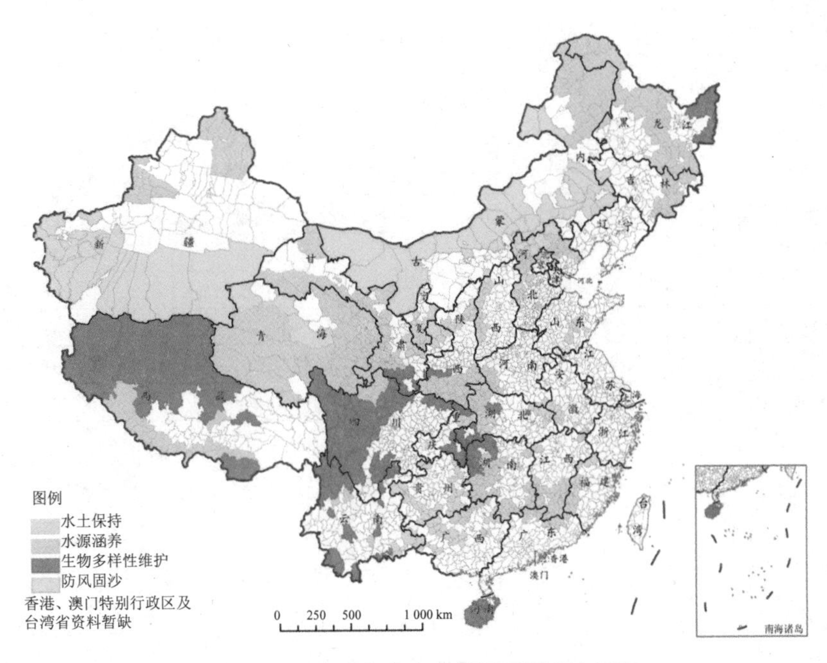

图 1.6-1　国家重点生态功能区县域分布示意

1.6.2　评价方法和依据标准

1.6.2.1　全国

全国生态环境状况评价依据《生态环境状况评价技术规范》（HJ 192—2015）。

表 1.6-1　生态环境状况分级

级别	优	良	一般	较差	差
指数	EI≥75	55≤EI＜75	35≤EI＜55	20≤EI＜35	EI＜20
描述	植被覆盖度高，生物多样性丰富，生态系统稳定	植被覆盖度较高，生物多样性较丰富，适合人类生活	植被覆盖度中等，生物多样性一般水平，较适合人类生活，但有不适合人类生活的制约性因子出现	植被覆盖较差，严重干旱少雨，物种较少，存在着明显限制人类生活的因素	条件较恶劣，人类生活受到限制

表 1.6-2　生态环境状况变化分级

级别	无明显变化	略微变化	明显变化	显著变化
变化值	|ΔEI|＜1	1≤|ΔEI|＜3	3≤|ΔEI|＜8	|ΔEI|≥8

评价基本单元为县域，省域生态环境状况由县域生态环境状况指数面积加权计算获得。评价的归一化系数如表1.6-3所示。

表1.6-3 全国生态环境质量评价归一化系数

生境质量指数	511.264 213 106 7	化学需氧量	4.393 739 728 9
植被覆盖指数	0.012 116 512 4	氨氮	40.176 475 498 6
河流长度	84.370 408 398 1	二氧化硫	0.064 866 028 7
水域面积	591.790 864 200 5	烟（粉）尘	4.090 445 932 1
水资源量	86.386 954 828 1	氮氧化物	0.510 304 927 8
土地胁迫指数	236.043 567 794 8	固体废物	0.074 989 428 3

1.6.2.2 生态功能区

生态功能区县域生态环境质量评价执行环境保护部2015年颁发的《生态环境状况评价技术规范》（HJ 192—2015）中的“6.1 生态功能区生态功能评价”方法和分级标准。

1.7 农村环境质量

1.7.1 监测情况

2016年，农村环境空气质量共监测31个省份及新疆生产建设兵团的2 048个村庄；县域农村地表水水质状况共监测30个省份（西藏未开展监测）的1 732个断面；饮用水水源地水质状况共监测31个省份的2 053个村庄2 210个断面（点位），其中地表水饮用水水源地监测断面1 019个，地下水饮用水水源地监测点位1 191个。

1.7.2 评价方法和依据标准

1.7.2.1 环境空气

评价指标为二氧化硫（SO_2）、二氧化氮（NO_2）和可吸入颗粒物（PM_{10}）、细颗粒物（$PM_{2.5}$）、臭氧（O_3）、一氧化碳（CO），评价参照《环境空气质量标准》（GB 3095—2012）。

1.7.2.2 地表水

评价指标为《地表水环境质量标准》（GB 3838—2002）表1中基本项目（共24项），评价依据《地表水环境质量评价办法（试行）》。

1.7.2.3 饮用水水源地

地表水饮用水水源地评价项目为《地表水环境质量标准》（GB 3838—2002）表 1 中 24 项基本项目和表 2 中 5 项补充项目，共 29 项。地下水饮用水水源地评价项目为《地下水质量标准》（GB/T 14848—93）中 23 项。

饮用水水源地水质评价按照《地表水环境质量标准》（GB 3838—2002）和《地下水质量标准》（GB/T 14848—93）Ⅲ类标准或相应标准限值，采用单因子评价法，分为达标和不达标两类。

1.8 辐射环境质量

1.8.1 监测情况

1.8.1.1 辐射环境质量监测

辐射环境质量监测内容包括空气吸收剂量率、空气、水体、土壤和电磁辐射的监测。根据《全国辐射环境监测方案》，2016 年空气吸收剂量率监测包括 104 个地级及以上城市的空气吸收剂量率在线连续监测，237 个地级及以上城市的累积剂量监测；空气监测包括 93 个地级及以上城市的气溶胶监测，直辖市和省会城市的沉降物、空气（水蒸气）和降水中氚、气态放射性碘同位素监测；水体监测包括十大流域和 20 座湖（库）的地表水监测，327 个地级及以上城市的集中式饮用水水源地水监测，29 个城市的地下水监测，沿海 11 个省份的海水和海洋生物监测；此外，还包括 331 个地级及以上城市的土壤监测、直辖市和省会城市的电磁辐射监测。电离辐射监测项目主要包括空气吸收剂量率、累积剂量、总 α 和总 β、铀、钍、镭-226、铅-210、钋-210、氚、锶-90、铯-137 和 γ 能谱分析等；电磁辐射监测项目为环境综合电场强度。

1.8.1.2 核电基地周围辐射环境监督性监测

2016 年，对红沿河、田湾、秦山、宁德、福清、大亚湾、阳江、防城港和昌江共 9 个核电基地开展了监督性监测。根据核电基地的环境影响特征以及周围自然环境和社会环境状况，在核电站厂区边界、地面最大浓度处、关键居民点布设辐射环境自动监测站空气吸收剂量率在线连续监测点和空气监测点；在地面最大浓度处、厂界周围 20 km 范围内 8 个方位角布设陆地 γ 辐射空气吸收剂量率和累积剂量监测点；根据核电基地周围近岸海域海流、潮汐状况，在液态流出物排放口周围设置海洋监测点，着重加强藻类、贝壳类等指示生物的监测；在可能受影响的河流、水库、饮用水水源、地下水布设陆地水监测点；在主导下风向或排水口下游灌溉区布设陆生生物监测点，着重加强松针、茶叶等指示生物的监测；在厂界 10 km 范围内 16 个方位角布设土壤监测点。同时布设各种环境样品对照点。监测项目主要包括空气吸收剂量率、累积剂量、总 α 和总 β，氚、碳-14、锶-90 和 γ 能谱分析等，重点是核电基地释放的人工放射性核素。

1.8.2 评价方法和依据标准

辐射环境质量的评价依据为《电离辐射防护与辐射源安全基本标准》（GB 18871—2002）、《电磁环境控制限值》（GB 8702—2014）、《生活饮用水卫生标准》（GB 5749—2006）、《海水水质标准》（GB 3097—1997）和《核动力厂环境辐射防护规定》（GB 6249—2011）。

根据《核动力厂环境辐射防护规定》（GB 6249—2011）的规定，任何厂址的所有核电站反应堆向环境释放的放射性物质对公众中个人造成的有效剂量，每年必须小于 0.25 mSv 的剂量约束值。

第二篇

环境质量状况

2.1　城市环境空气质量

2.1.1　地级及以上城市

2.1.1.1　总体情况

2016 年，338 个地级及以上城市中有 84 个城市环境空气质量达标，占 24.9%，同比增加 11 个城市。254 个城市超标，占 75.1%，其中 243 个城市 $PM_{2.5}$ 超标，占 71.9%；197 个城市 PM_{10} 超标，占 58.3%；57 个城市 NO_2 超标，占 16.9%；59 个城市 O_3 超标，占 17.5%；10 个城市 CO 超标，占 3.0%；10 个城市 SO_2 超标，占 3.0%。从污染物超标项数来看，1 项污染物超标的城市有 55 个，2 项污染物超标的城市有 114 个，3 项污染物超标的城市有 49 个，4 项污染物超标的城市有 32 个，5 项污染物超标的城市有 3 个（保定、唐山和阳泉）。

表 2.1-1　2016 年各省份地级及以上城市空气质量级别情况

省份	城市数量/个			超标城市比例/%	省份	城市数量/个			超标城市比例/%
	一级	二级	劣二级			一级	二级	劣二级	
北京	0	0	1	100.0	湖北	0	0	13	100.0
天津	0	0	1	100.0	湖南	0	0	14	100.0
河北	0	0	11	100.0	广东	0	13	8	38.1
山西	0	0	11	100.0	广西	0	5	9	64.3
内蒙古	0	5	7	58.3	海南	1	1	0	0.0
辽宁	0	0	14	100.0	重庆	0	0	1	100.0
吉林	0	2	7	77.8	四川	0	5	16	76.2
黑龙江	0	7	6	46.2	贵州	0	6	3	33.3
上海	0	0	1	100.0	云南	1	14	1	6.3
江苏	0	0	13	100.0	西藏	0	5	2	28.6
浙江	0	2	9	81.8	陕西	0	0	10	100.0
安徽	0	1	15	93.8	甘肃	0	0	14	100.0
福建	0	9	0	0.0	青海	0	3	5	62.5
江西	0	0	11	100.0	宁夏	0	0	5	100.0
山东	0	1	16	94.1	新疆	0	3	13	81.3
河南	0	0	17	100.0	总计	2	82	254	75.1

2.1.1.2 各省份空气质量状况

2016 年，山西 SO_2 平均质量浓度超过二级标准，河北、天津、北京、重庆、上海和河南 6 个省份 NO_2 平均质量浓度超过二级标准，北京、河北、山东、江苏、上海和河南 6 个省份 O_3 日最大 8 小时平均第 90 百分位数质量浓度超过二级标准，新疆、河南、河北等 20 个省份 PM_{10} 平均质量浓度超过二级标准，河南、北京、河北等 22 个省份 $PM_{2.5}$ 平均质量浓度超过二级标准，31 个省份 CO 日均值第 95 百分位数质量浓度均小于二级标准。

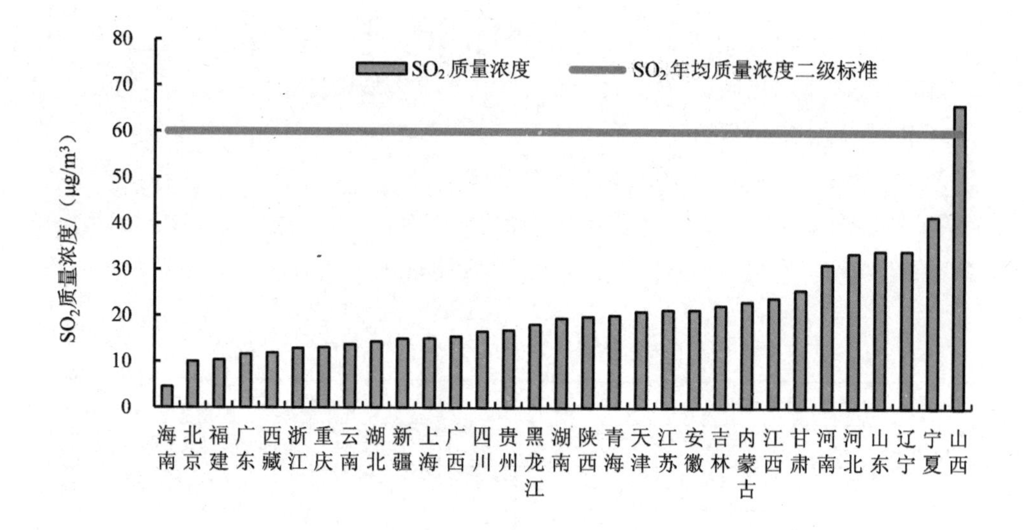

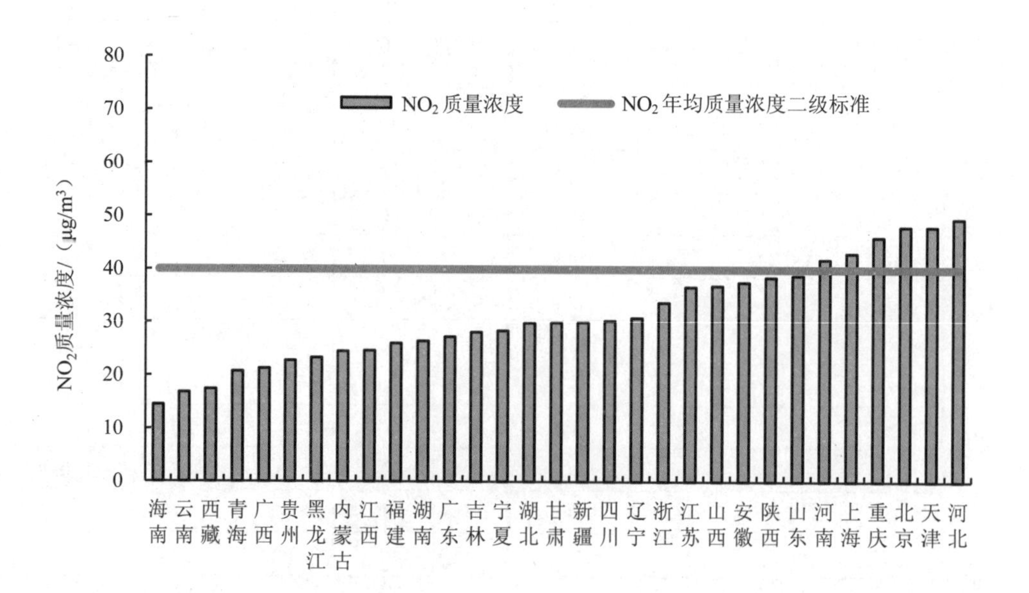

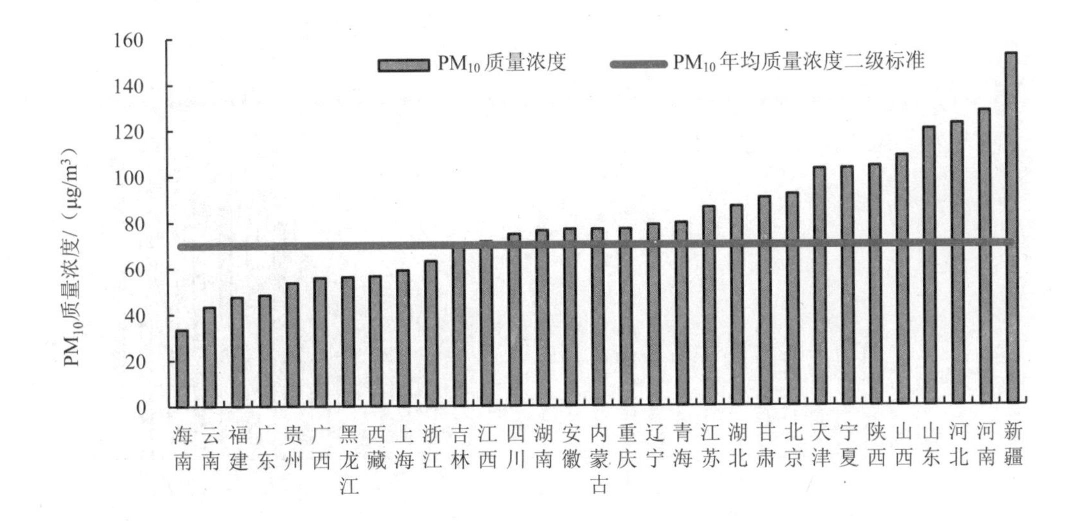
PM10质量浓度
PM10年均质量浓度二级标准
PM10质量浓度/（μg/m3）
160
140
120
100
80
60
40
20
0
海南 云南 福建 广东 贵州 广西 黑龙江 西藏 上海 浙江 吉林 江西 四川 湖南 安徽 内蒙古 重庆 辽宁 青海 江苏 湖北 甘肃 北京 天津 宁夏 陕西 山西 山东 河北 河南 新疆

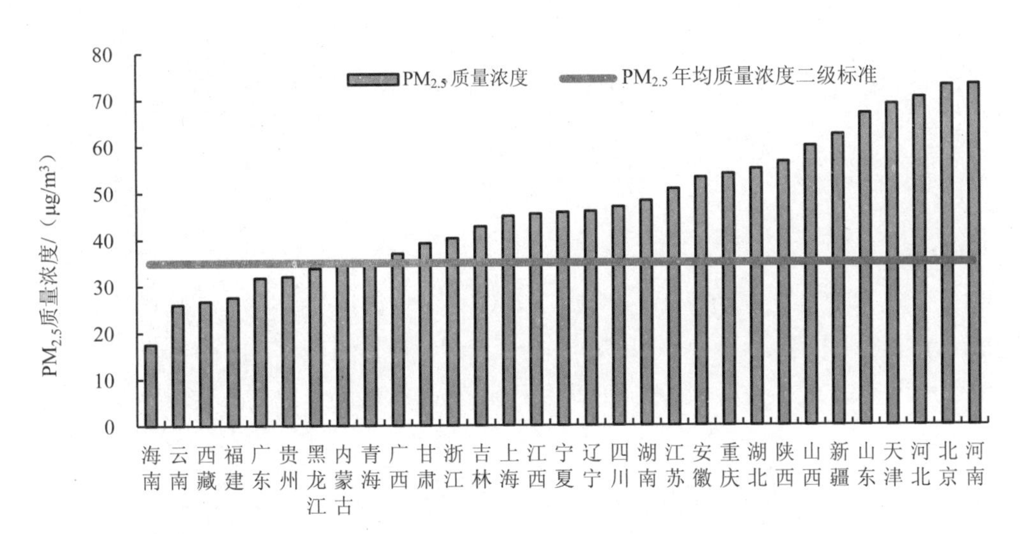
PM2.5质量浓度
PM2.5年均质量浓度二级标准
PM2.5质量浓度/（μg/m3）
80
70
60
50
40
30
20
10
0
海南 云南 西藏 福建 广东 贵州 黑龙江 内蒙古 青海 广西 甘肃 浙江 吉林 上海 江西 宁夏 辽宁 四川 湖南 江苏 安徽 重庆 湖北 陕西 山西 新疆 山东 天津 河北 北京 河南

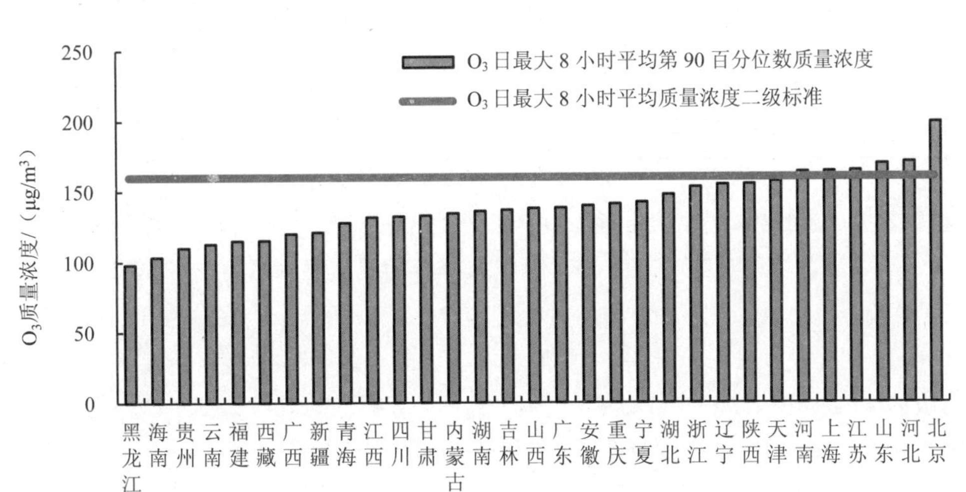
O3日最大8小时平均第90百分位数质量浓度
O3日最大8小时平均质量浓度二级标准
O3质量浓度/（μg/m3）
250
200
150
100
50
0
黑龙江 海南 贵州 云南 福建 西藏 广西 新疆 青海 江西 四川 甘肃 内蒙古 湖南 吉林 山西 广东 安徽 重庆 宁夏 湖北 浙江 辽宁 陕西 天津 河南 上海 江苏 山东 河北 北京

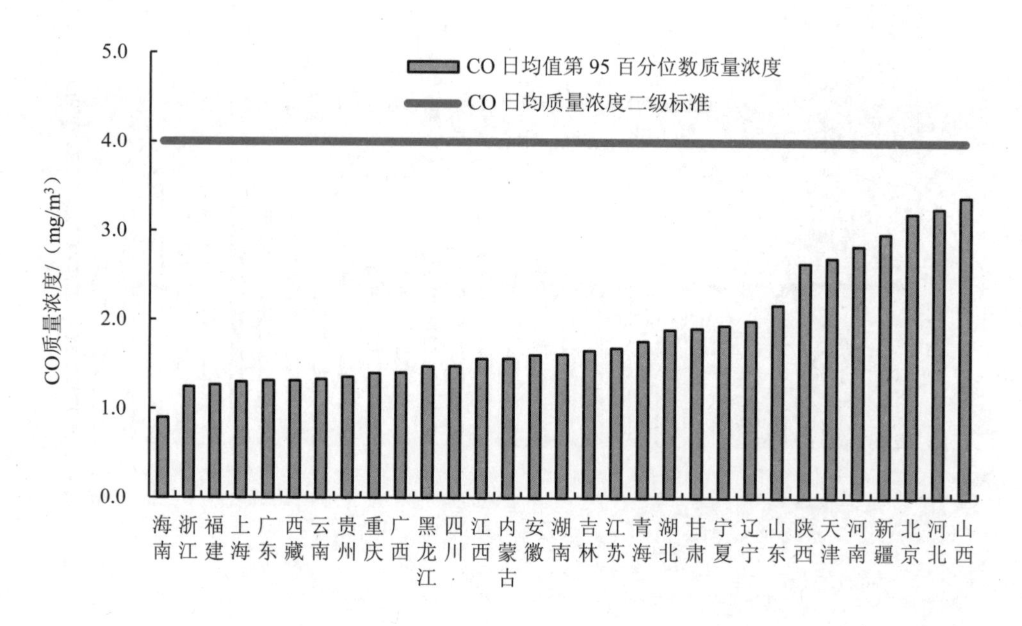

图 2.1-1 2016 年六项污染物质量浓度省域比较

2.1.1.3 各项污染物

（1）$PM_{2.5}$

2016 年，地级及以上城市 $PM_{2.5}$ 年均质量浓度达到一级标准的城市有 4 个（占 1.2%），达到二级标准的城市有 91 个（占 26.9%），劣于二级标准的城市有 243 个（占 71.9%）。全国地级及以上城市 $PM_{2.5}$ 达标城市比例为 28.1%，同比上升 5.6 个百分点。

表 2.1-2 $PM_{2.5}$ 年均质量浓度级别比例年际比较

$PM_{2.5}$ 年均质量浓度级别	地级及以上城市比例/%	
	2015 年	2016 年
一级	0.6	1.2
二级	21.9	26.9
劣二级	77.5	71.9

地级及以上城市 $PM_{2.5}$ 年均质量浓度在 12～158 μg/m³ 之间，平均为 47 μg/m³，同比下降 6.0%。年均质量浓度在 30～60 μg/m³ 范围内分布的城市比例最高，占 62.4%。

（2）PM_{10}

2016 年，地级及以上城市 PM_{10} 年均质量浓度达到一级标准的城市有 22 个（占 6.5%），达到二级标准的城市有 119 个（占 35.2%），劣于二级标准的城市有 197 个（占 58.3%）。全国地级及以上城市 PM_{10} 达标城市比例为 41.7%，同比上升 7.1 个百分点。

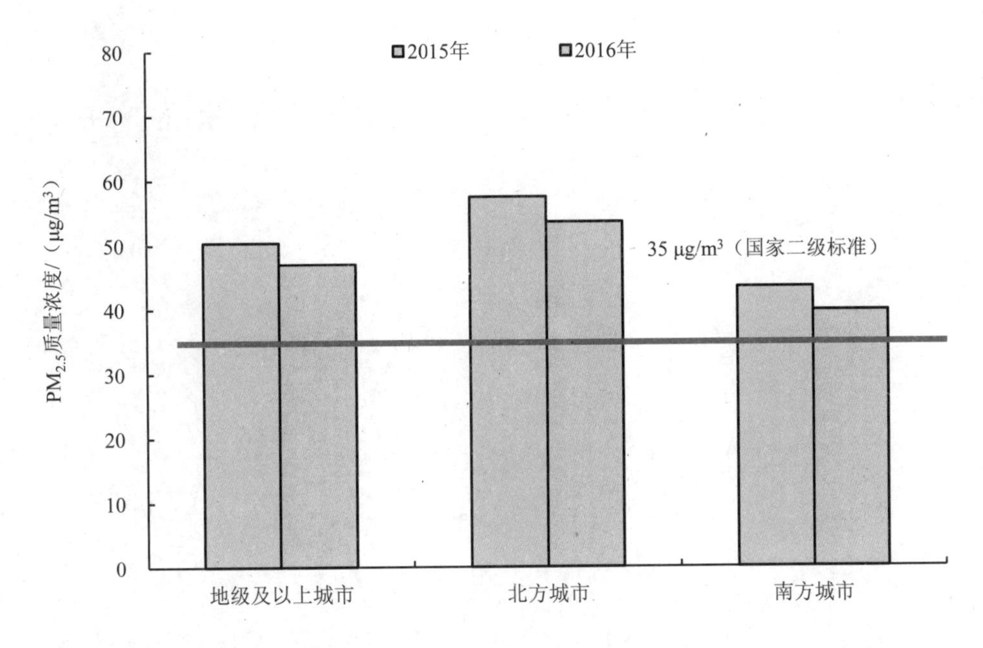

图 2.1-2　$PM_{2.5}$平均质量浓度年际比较

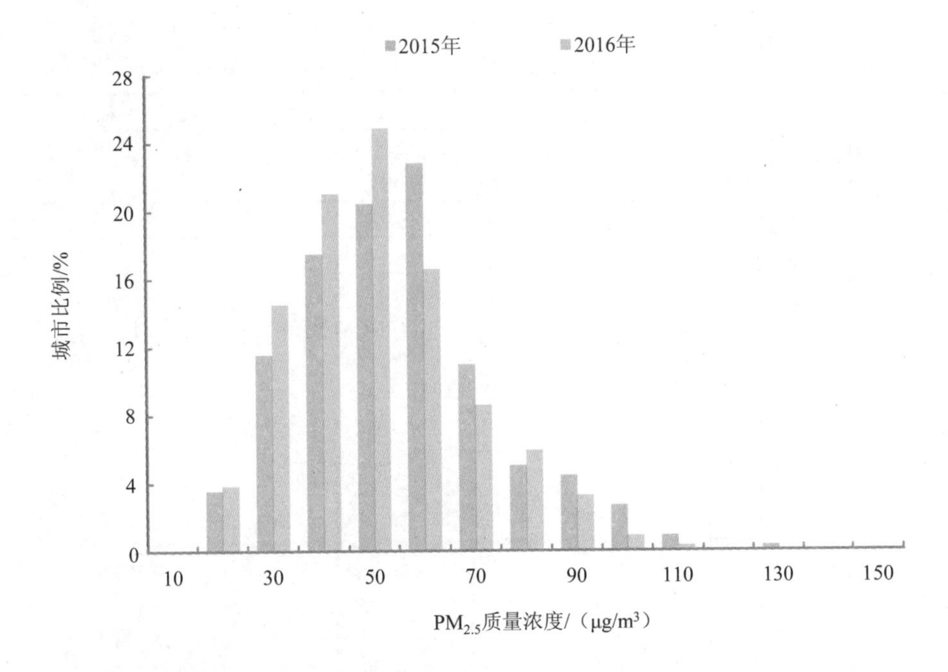

图 2.1-3　地级及以上城市 $PM_{2.5}$ 年均质量浓度区间分布

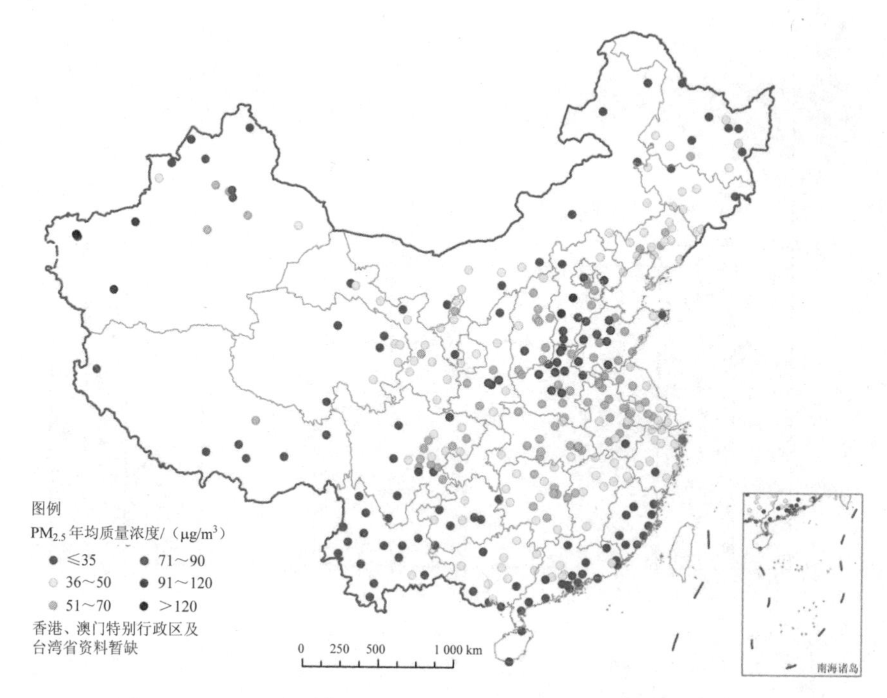

图 2.1-4 2016 年地级及以上城市 $PM_{2.5}$ 年均质量浓度分布示意

表 2.1-3 PM_{10} 年均质量浓度级别比例年际比较

PM_{10} 年均质量浓度级别	地级及以上城市比例/%	
	2015 年	2016 年
一级	4.7	6.5
二级	29.9	35.2
劣二级	65.4	58.3

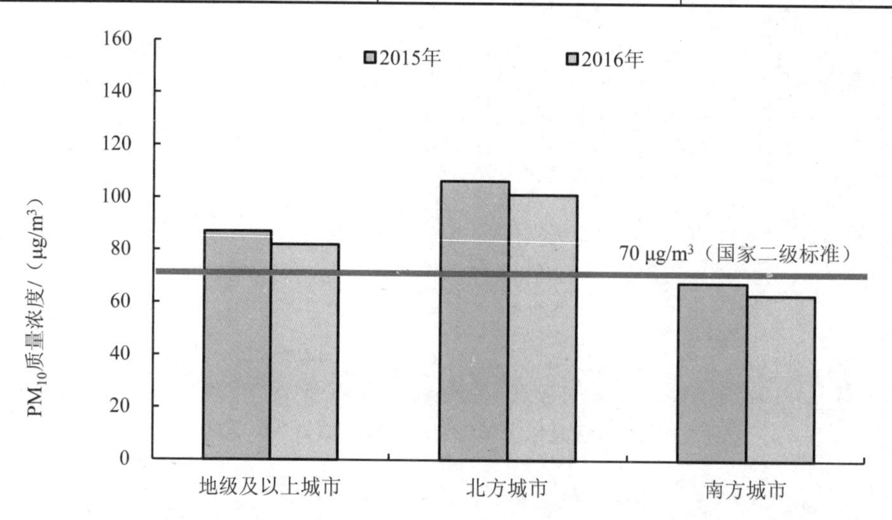

图 2.1-5 PM_{10} 平均浓度年际比较

地级及以上城市 PM_{10} 年均质量浓度在 22～436 μg/m³之间，平均为 82 μg/m³，同比下降 5.7%。年均质量浓度在 40～100 μg/m³ 范围内分布的城市比例最高，占 71.9%。

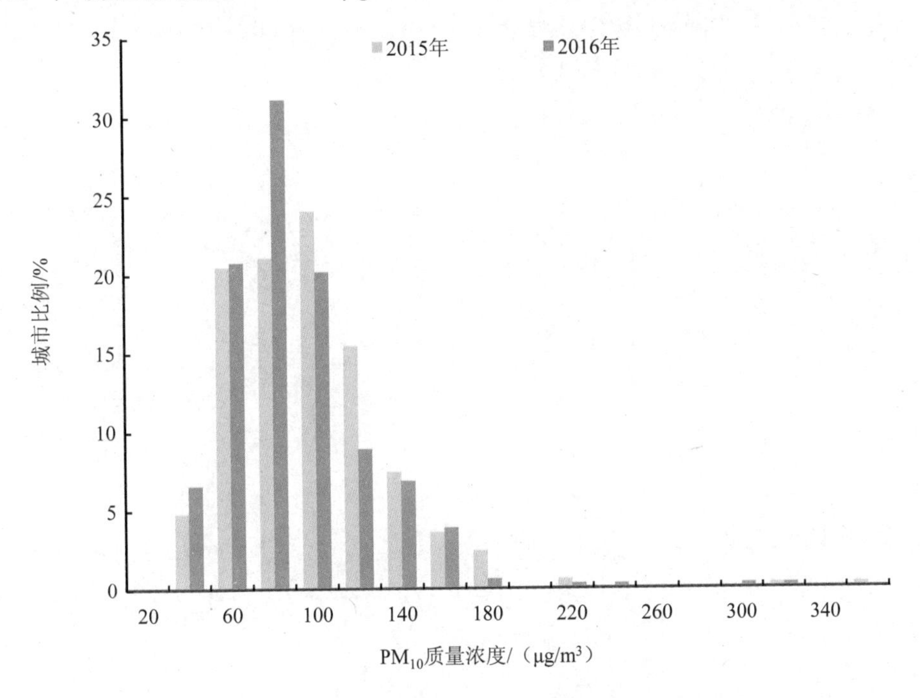

图 2.1-6 地级及以上城市 PM_{10} 年均质量浓度区间分布

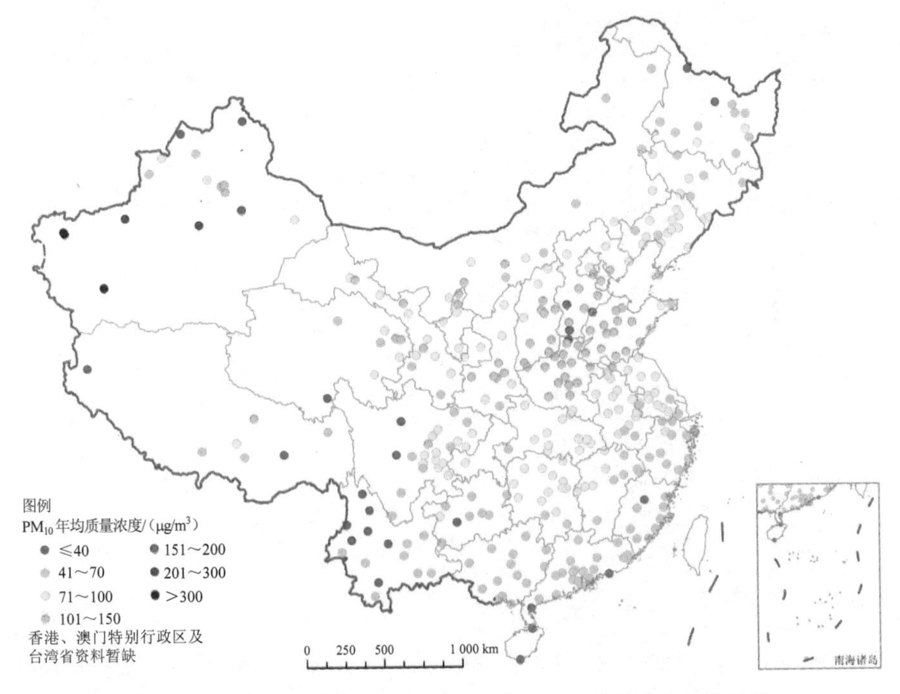

图 2.1-7 2016 年地级及以上城市 PM_{10} 年均质量浓度分布示意

（3）O_3

2016年，地级及以上城市O_3日最大8小时平均第90百分位数质量浓度达到一级标准的城市有24个（占7.1%），达到二级标准的城市有255个（占75.4%），劣于二级标准的城市有59个（占17.5%）。

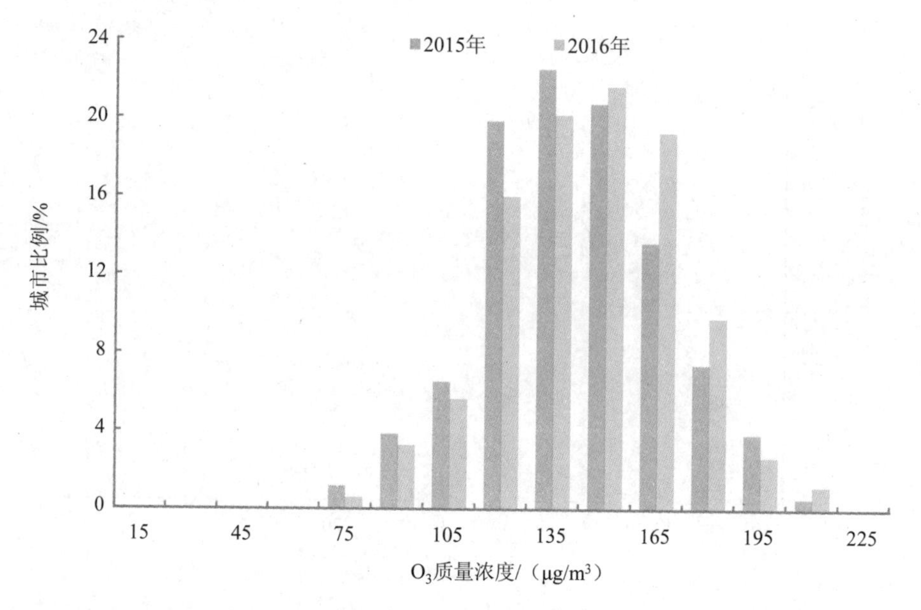

图2.1-8 地级及以上城市O_3日最大8小时平均第90百分位数质量浓度区间分布年际比较

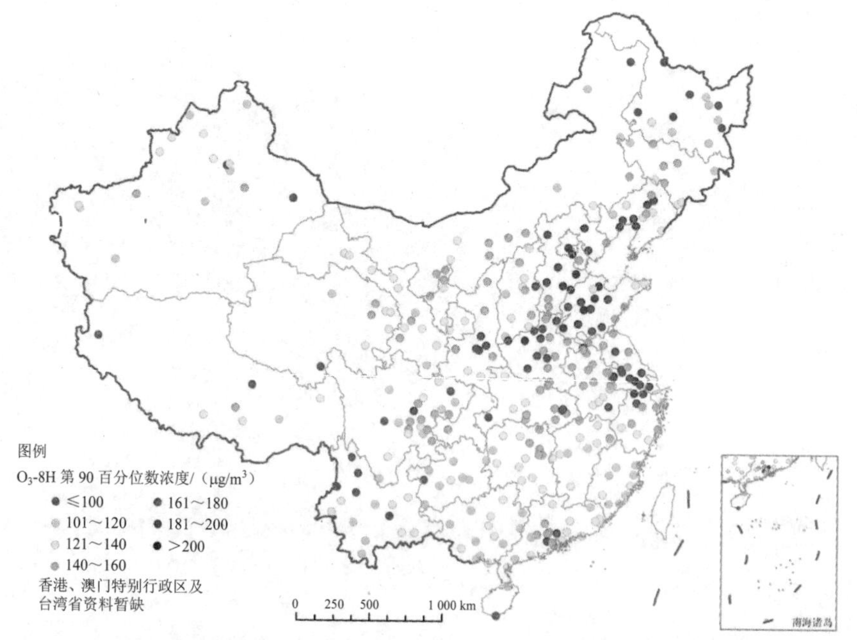

图2.1-9 2016年地级及以上城市O_3日最大8小时平均第90百分位数质量浓度分布示意

地级及以上城市 O_3 日最大 8 小时平均第 90 百分位数质量浓度在 73～200 μg/m³ 之间，平均为 138 μg/m³，同比上升 3.0%。在 105～150 μg/m³ 范围内分布的城市比例最高，占 63.0%。

（4）SO_2

2016 年，338 个地级及以上城市中，SO_2 年均质量浓度达到一级标准的城市有 191 个（占 56.5%），达到二级标准的城市有 137 个（占 40.5%），劣于二级标准的城市有 10 个（占 3.0%）。全国地级及以上城市 SO_2 达标城市比例为 97.0%，同比上升 0.2 个百分点。

表 2.1-4　SO_2 质量浓度分级城市比例年际比较

SO_2 年均质量浓度级别	地级及以上城市比例/%	
	2015 年	2016 年
一级	46.2	56.5
二级	50.6	40.5
劣二级	3.2	3.0

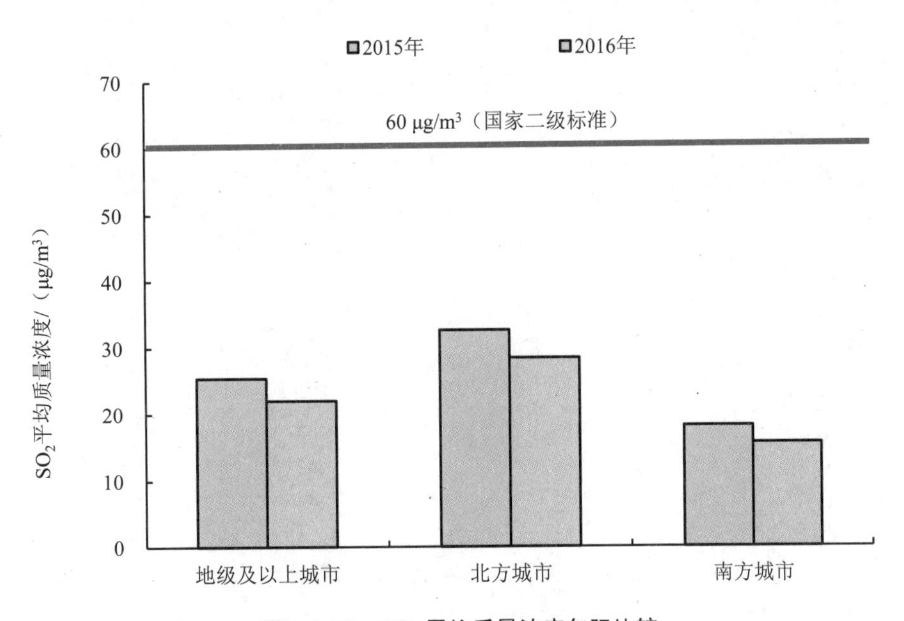

图 2.1-10　SO_2 平均质量浓度年际比较

地级及以上城市 SO_2 年均质量浓度在 3～88 μg/m³ 之间，平均为 22 μg/m³，同比下降 12.0%。年均质量浓度在 10～30 μg/m³ 范围内分布的城市比例最高，占 67.2%。

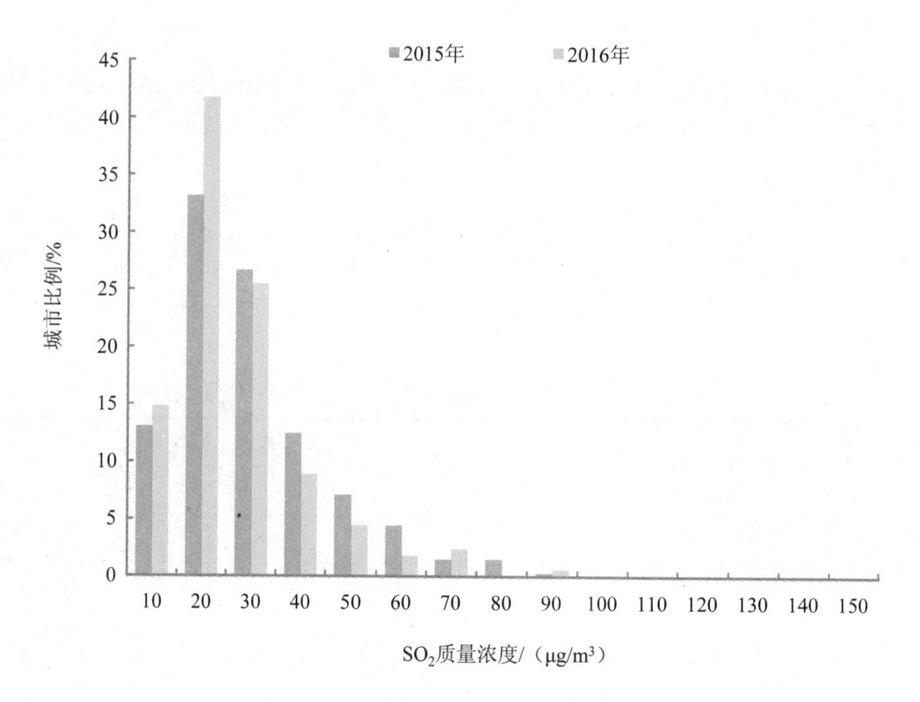

图 2.1-11 地级及以上城市 SO_2 年均质量浓度区间分布年际比较

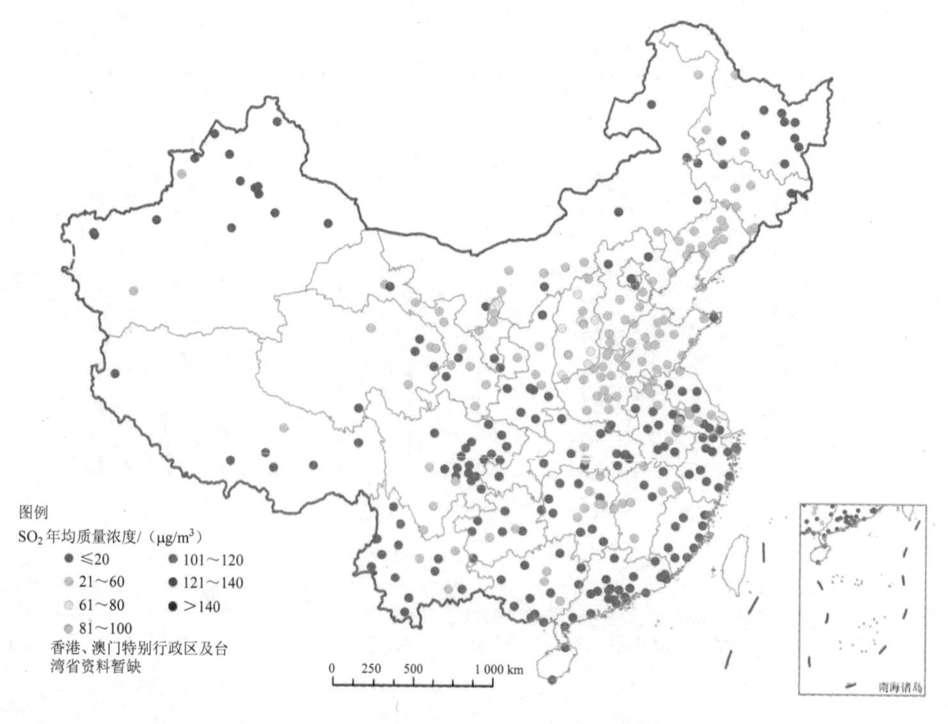

图 2.1-12 2016 年地级及以上城市 SO_2 年均质量浓度分布示意

（5）NO_2

2016年，338个地级及以上城市中，NO_2年均质量浓度达到一级标准/二级标准的城市有281个（占83.1%），同比上升1.4个百分点；劣于二级标准的城市有57个（占16.9%）。

表2.1-5 NO_2质量浓度分级城市比例年际比较

NO_2年均质量浓度级别	地级及以上城市比例/%	
	2015年	2016年
一级/二级	81.7	83.1
劣二级	18.3	16.9

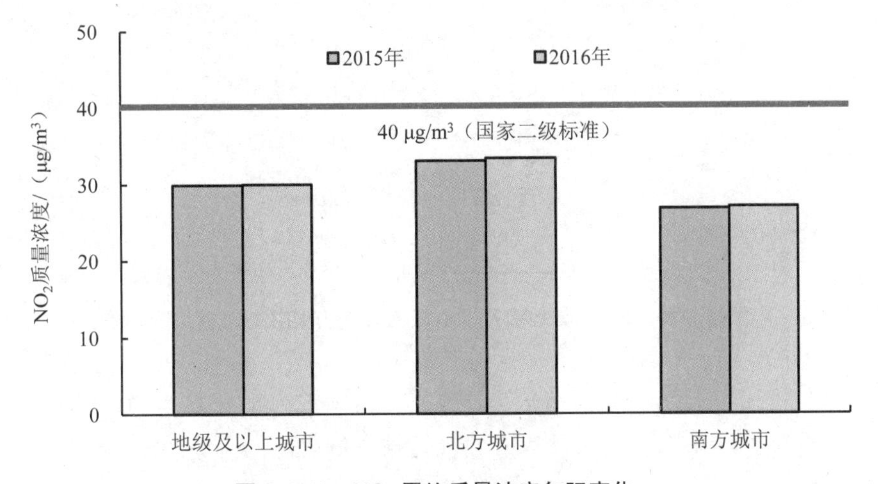

图2.1-13 NO_2平均质量浓度年际变化

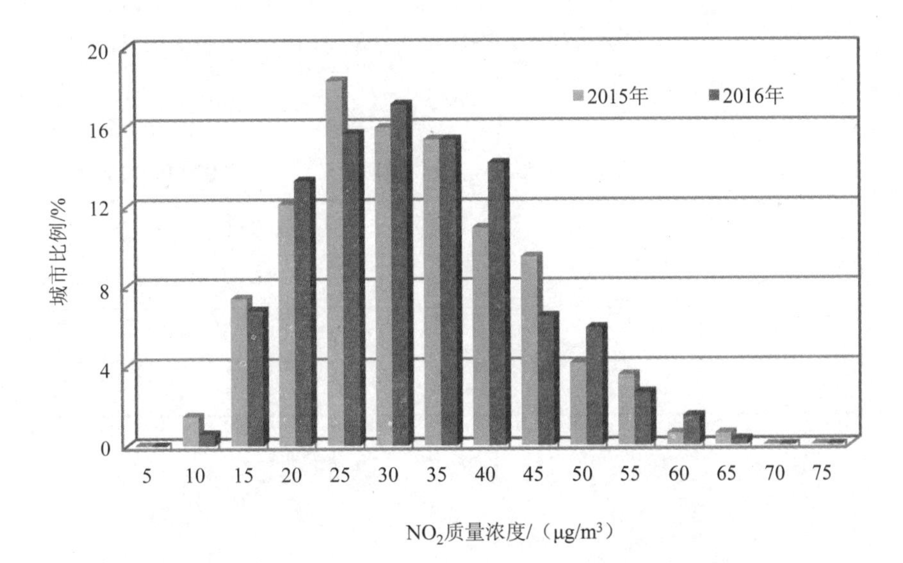

图2.1-14 地级及以上城市NO_2年均质量浓度区间分布年际比较

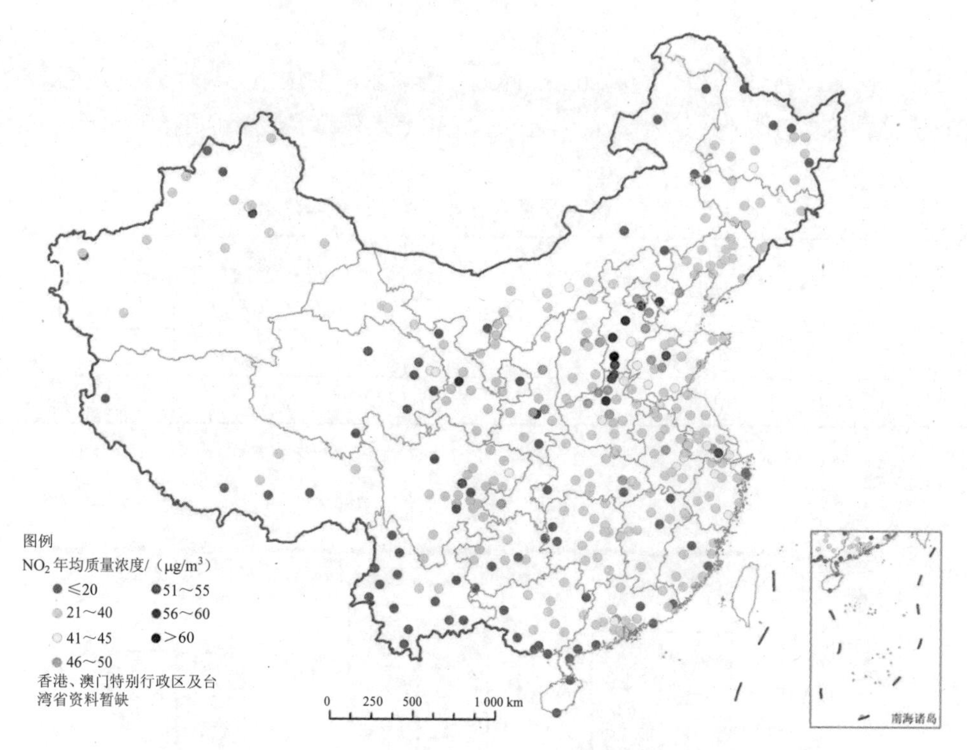

图 2.1-15 2016 年地级及以上城市 NO_2 年均质量浓度分布示意

地级及以上城市 NO_2 年均质量浓度在 9～61 μg/m³ 之间，平均为 30 μg/m³，同比持平。年均质量浓度在 25～40 μg/m³ 范围内分布的城市比例最高，占 46.7%。

（6）CO

2016 年，地级及以上城市 CO 日均值第 95 百分位数质量浓度达到一级标准/二级标准的城市有 328 个（占 97.0%），同比提高 0.3 个百分点，劣于二级标准的城市有 10 个（占 3.0%）。

表 2.1-6 CO 日均值第 95 百分位数质量浓度级别比例年际比较

CO 日均值第 95 百分位数质量浓度	地级及以上城市比例/%	
	2015 年	2016 年
一级/二级	96.7	97.0
劣二级	3.3	3.0

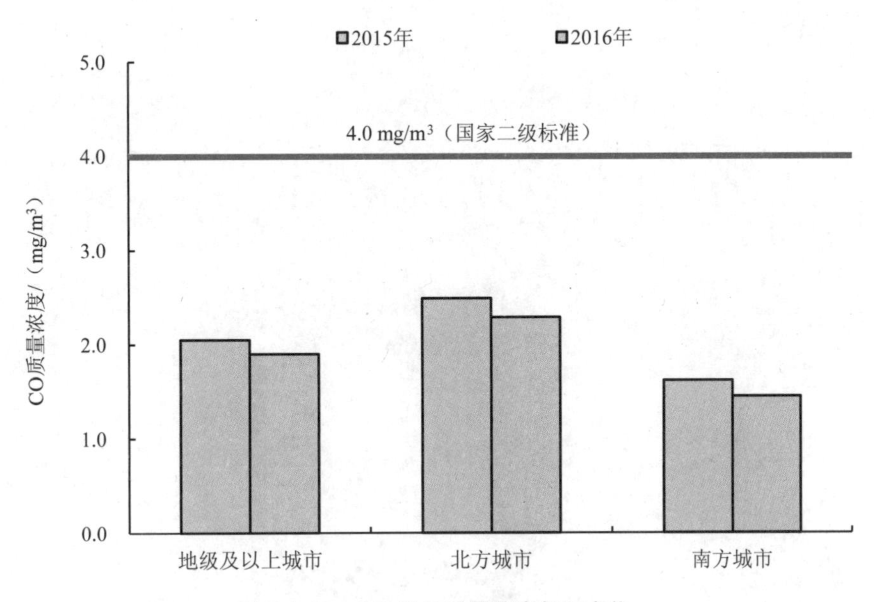

图 2.1-16　CO 平均质量浓度年际变化

地级及以上城市 CO 日均值第 95 百分位数质量浓度在 0.8～5.0 mg/m^3 之间，平均为 1.9 mg/m^3，同比下降 9.5%。质量浓度在 0.8～2.0 mg/m^3 范围内分布的城市比例最高，占 67.8%。

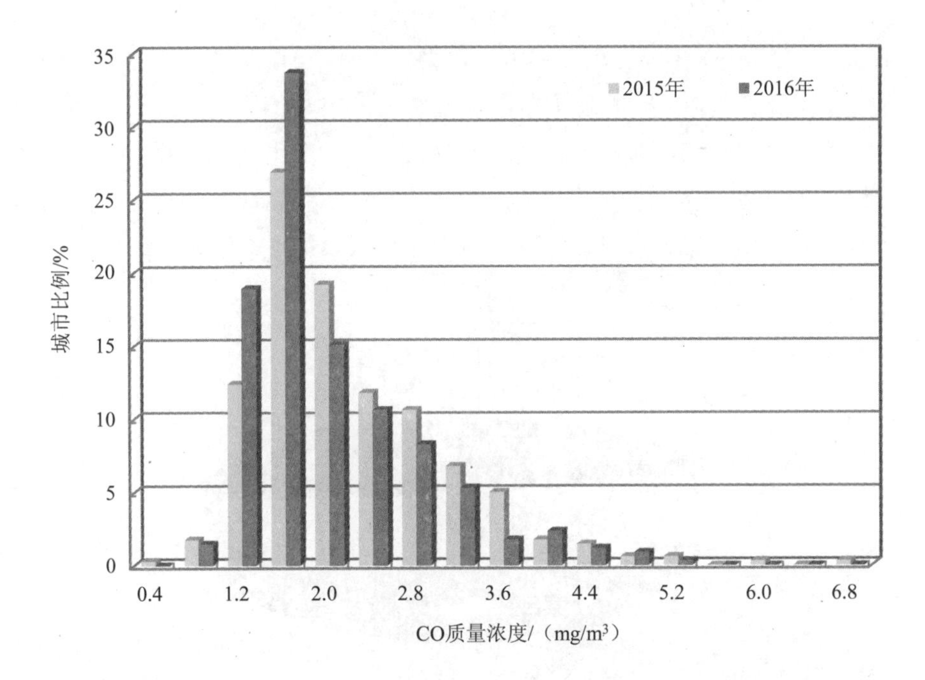

图 2.1-17　地级及以上城市 CO 日均值第 95 百分位数质量浓度区间分布年际比较

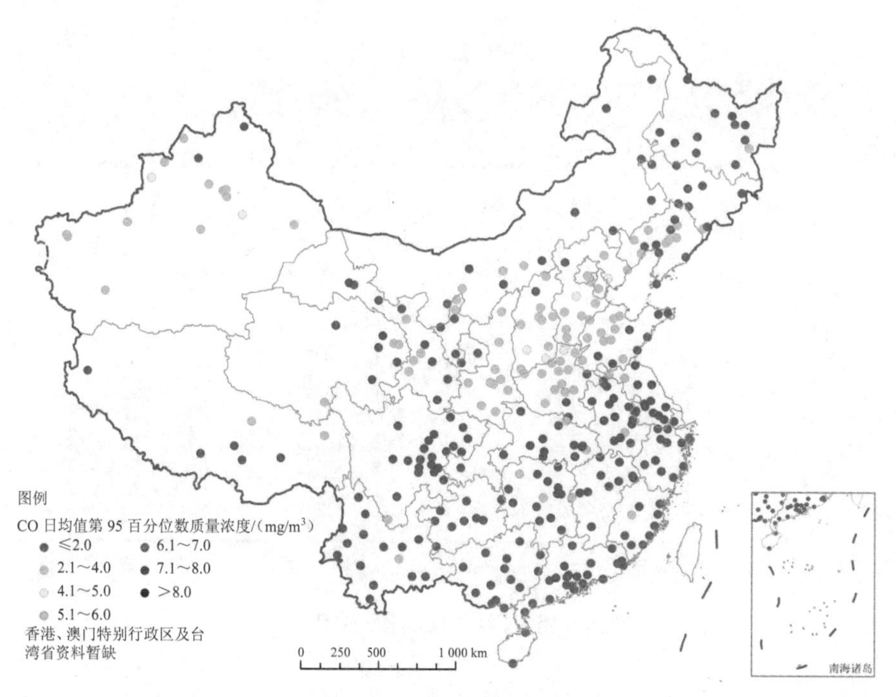

图 2.1-18 2016 年地级及以上城市 CO 日均值第 95 百分位数质量浓度分布示意

2.1.1.4 首要污染物

2016年，全国338个地级及以上城市达标天数比例在21.6%～100%之间，平均为78.8%，同比上升 2.1 个百分点；平均超标天数比例为 21.2%。阿坝州、丽江、迪庆州、林芝、楚雄州、阿勒泰地区、黔西南州和攀枝花 8 个城市达标天数比例为 100%，玉溪、大理州、普洱等 169 个城市达标天数比例在 80%～100%范围内，酒泉、白山、绍兴等 137 个城市达标天数比例在 50%～80%范围内，24 个城市达标天数比例不足 50%。

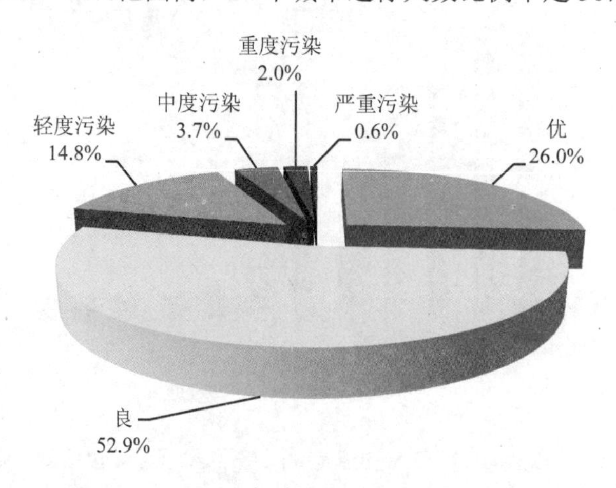

图 2.1-19 2016 年地级及以上城市空气质量状况

2016 年，地级及以上城市共出现空气污染 26 058 天次，其中轻度污染、中度污染、重度污染和严重污染分别占 69.9%、17.6%、9.5%和 3.0%。以 $PM_{2.5}$、O_3、PM_{10}、NO_2、SO_2 和 CO 为首要污染物的超标天数分别占总超标天数的 60.9%、22.5%、16.1%、0.6%、0.3% 和 0.1%。

表 2.1-7　2016 年 338 个地级及以上城市超标情况

污染等级	首要污染物	累计污染天数/d	出现城市数/个
轻度污染	SO_2	79	19
	NO_2	161	46
	PM_{10}	2 803	238
	CO	15	9
	O_3	5 345	285
	$PM_{2.5}$	9 903	319
中度污染	SO_2	0	0
	NO_2	0	0
	PM_{10}	736	156
	CO	0	0
	O_3	500	118
	$PM_{2.5}$	3 366	268
重度污染	SO_2	0	0
	NO_2	0	0
	PM_{10}	202	81
	CO	0	0
	O_3	30	20
	$PM_{2.5}$	2 232	221
严重污染	SO_2	0	0
	NO_2	0	0
	PM_{10}	460	83
	CO	0	0
	O_3	0	0
	$PM_{2.5}$	377	91

2016年，受局地排放和气候因素影响，地级及以上城市1—3月和11—12月超标天数较多，分别占全年总超标天数的13.2%、10.3%、11.4%、11.0%和17.1%；8月和10月超标天数较少，分别占4.0%和3.4%。

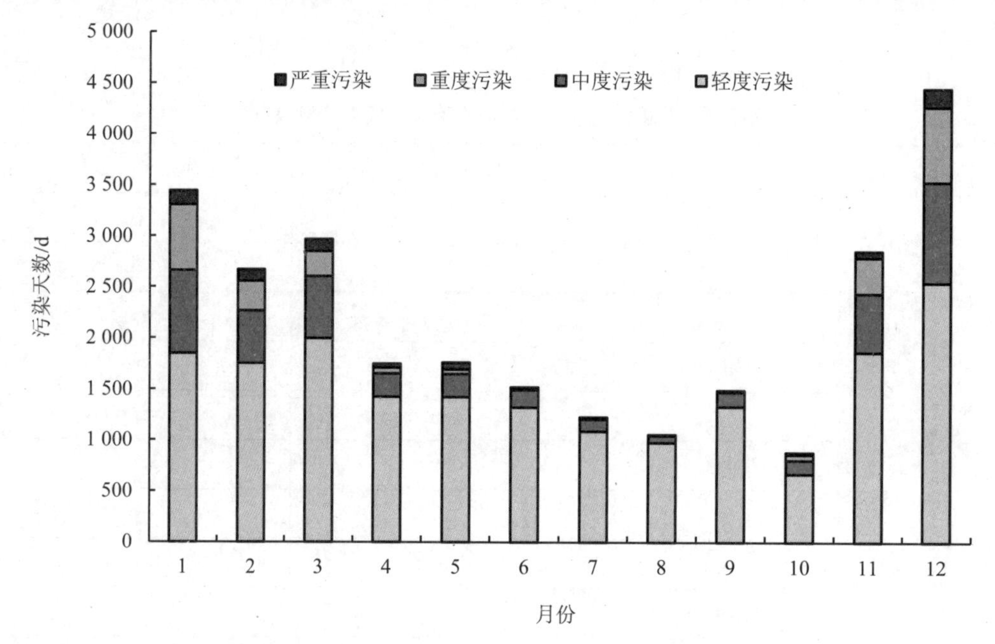

图2.1-20　2016年地级及以上城市污染天数月际分布

2.1.1.5　典型重污染过程

2016年1—2月和11—12月，受污染排放和不利气象条件影响，全国发生多次大范围区域性重污染过程。

（1）2016年1月重污染过程

2016年1月，全国发生多次大范围区域性重污染过程，较为典型污染过程为1月1日—5日和1月8日—10日，两次重污染过程分别在1月3日和1月10日达到污染峰值，全国分别有75个和54个城市达到重度及以上污染级别。1月1日—5日的重污染过程影响范围较大，包括京津冀、山东、山西、河南、江苏、四川和陕西以及湖北的部分城市，$PM_{2.5}$最大日均值为644 μg/m^3，PM_{10}最大日均值为834 μg/m^3。1月8日—10日的重污染过程影响范围主要集中在京津冀、山西、山东和江苏等省份，$PM_{2.5}$最大日均值为464 μg/m^3，PM_{10}最大日均值为588 μg/m^3，污染程度小于1月1日—5日。另外，2月8日（农历腊月三十）受烟花爆竹集中燃放影响，全国共有95个城市达到重度及以上污染。

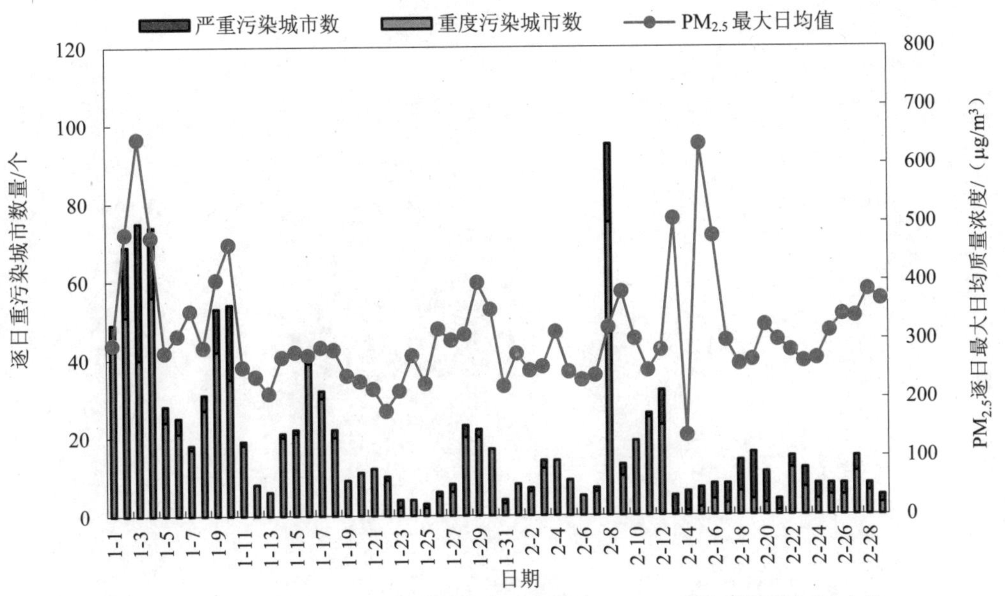

图 2.1-21　2016 年 1—2 月全国重污染城市数和 $PM_{2.5}$ 最大日均值逐日变化

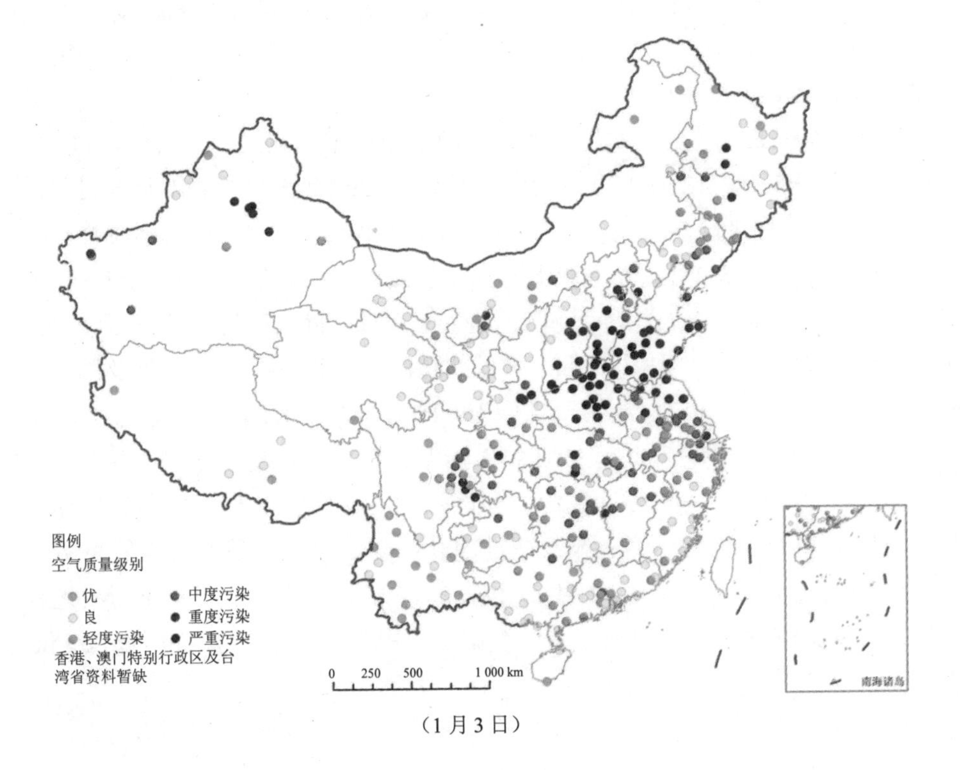

（1 月 3 日）

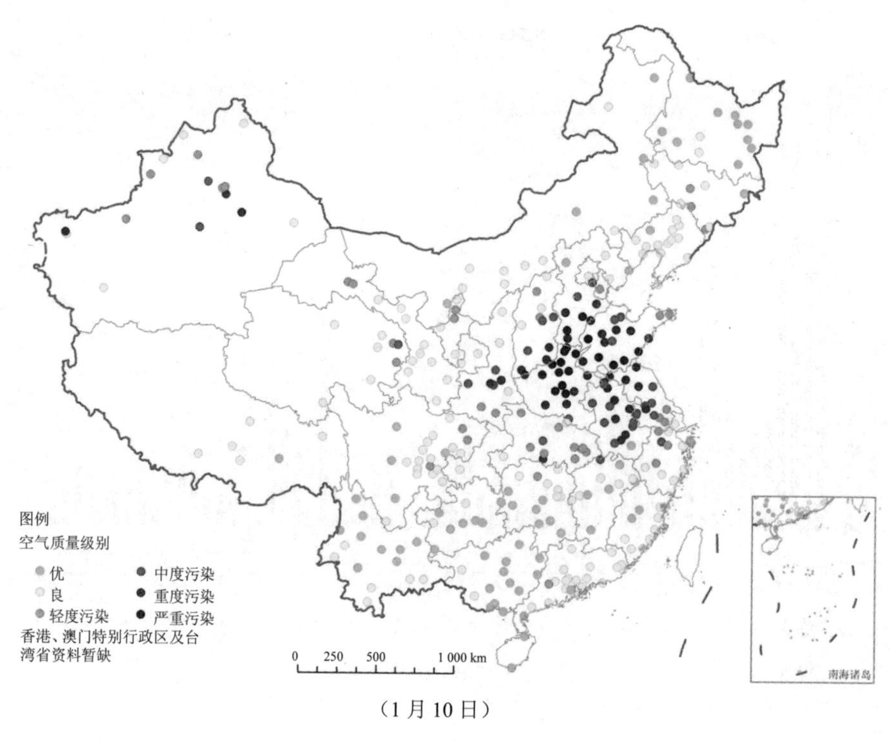

（1月10日）

图 2.1-22 2016 年 1 月 3 日和 1 月 10 日全国空气质量状况分布示意

（2）2016 年 11—12 月重污染过程

2016 年 11—12 月，全国发生多次大范围区域性重污染过程。其中，11 月 3 日—6 日、12 月 2 日—5 日、12 月 17 日—21 日和 12 月 29 日—2017 年 1 月 5 日的污染相对较重，分别在 11 月 4 日、12 月 4 日、12 月 19 日和 12 月 31 日达到污染峰值，全国分别有 22 个、35 个、98 个和 72 个城市达到重度及以上污染级别。11 月 3 日—6 日的重污染过程影响京津冀、山西、陕西和东北地区，$PM_{2.5}$ 最大日均值为 683 μg/m^3，PM_{10} 最大日均值为 764 μg/m^3；12 月 2 日—5 日的重污染过程集中在京津冀及周边 7 省市以及陕西、辽宁部分城市，$PM_{2.5}$ 最大日均值为 625 μg/m^3，PM_{10} 最大日均值为 926 μg/m^3；12 月 17 日—21 日的重污染过程影响面积较大，除京津冀及周边地区外，还影响到江苏、安徽、湖北、四川、陕西等省份部分地区，石家庄、安阳、邯郸、焦作、许昌和郑州 6 个城市 $PM_{2.5}$ 日均值有 13 天次超过 500 μg/m^3，$PM_{2.5}$ 最大日均值为 703 μg/m^3，PM_{10} 最大日均值为 884 μg/m^3；12 月 29 日—2017 年 1 月 5 日的跨年重污染过程持续时间较长，影响范围涵盖中东部地区十几个省份，$PM_{2.5}$ 最大日均值为 596 μg/m^3，PM_{10} 最大日均值为 757 μg/m^3。

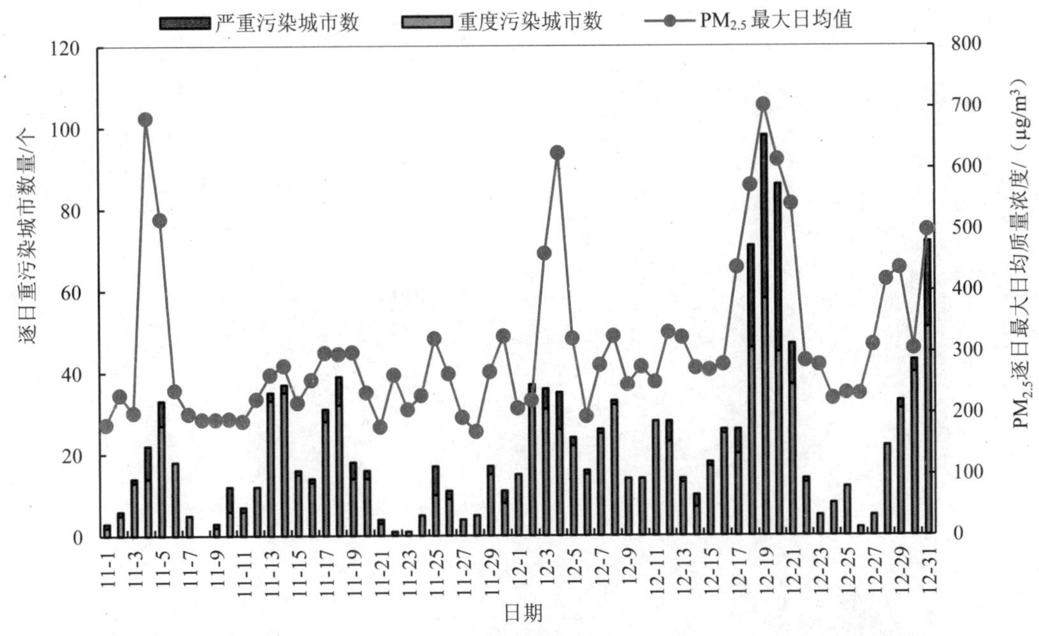

图 2.1-23　2016 年 11—12 月全国重污染城市数和 $PM_{2.5}$ 最大日均值逐日变化

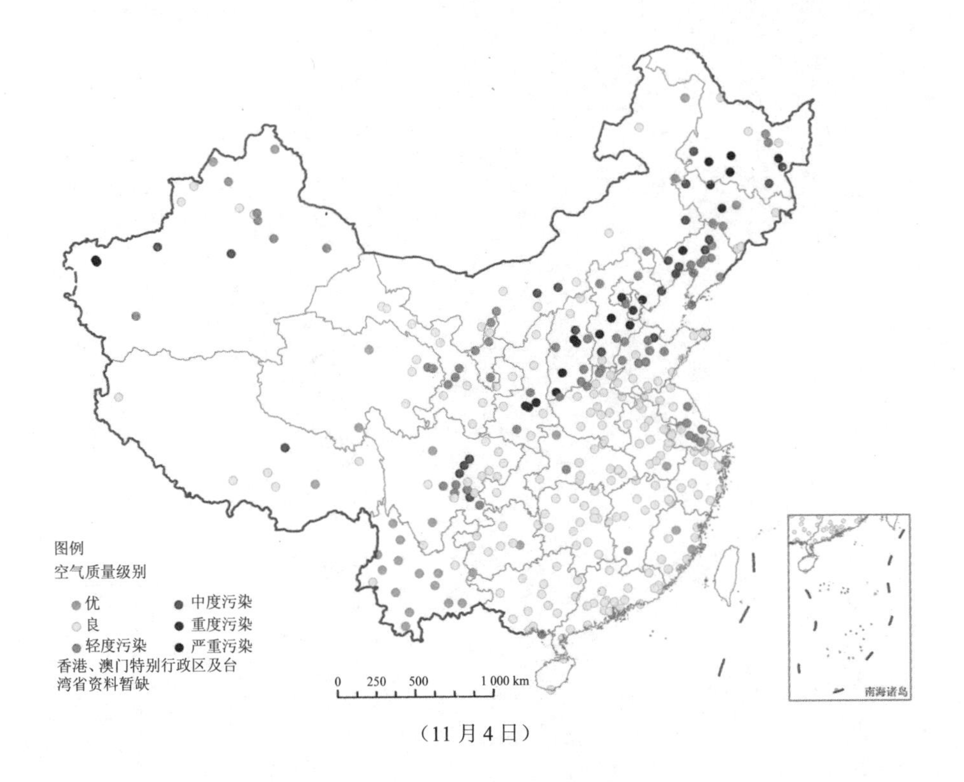

（11 月 4 日）

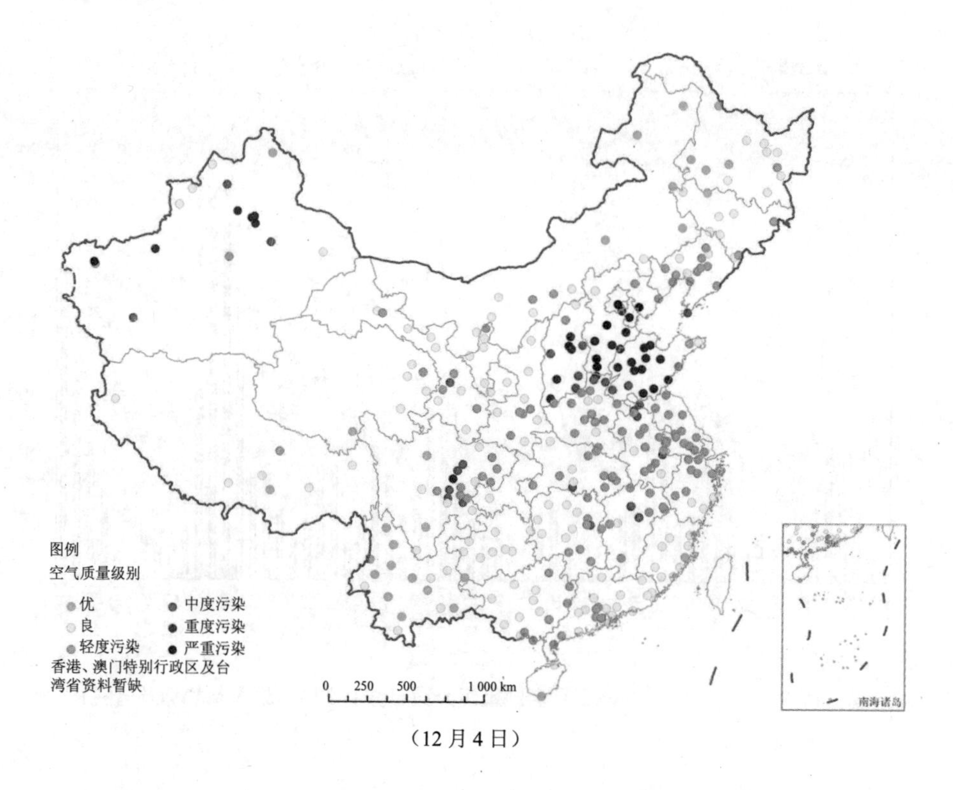

（12月4日）

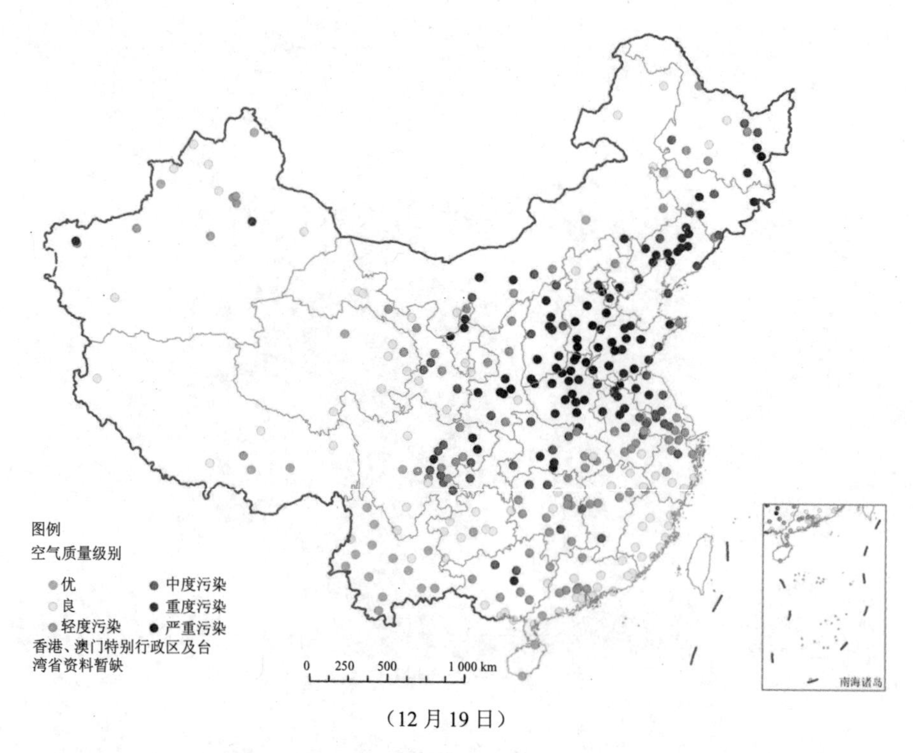

（12月19日）

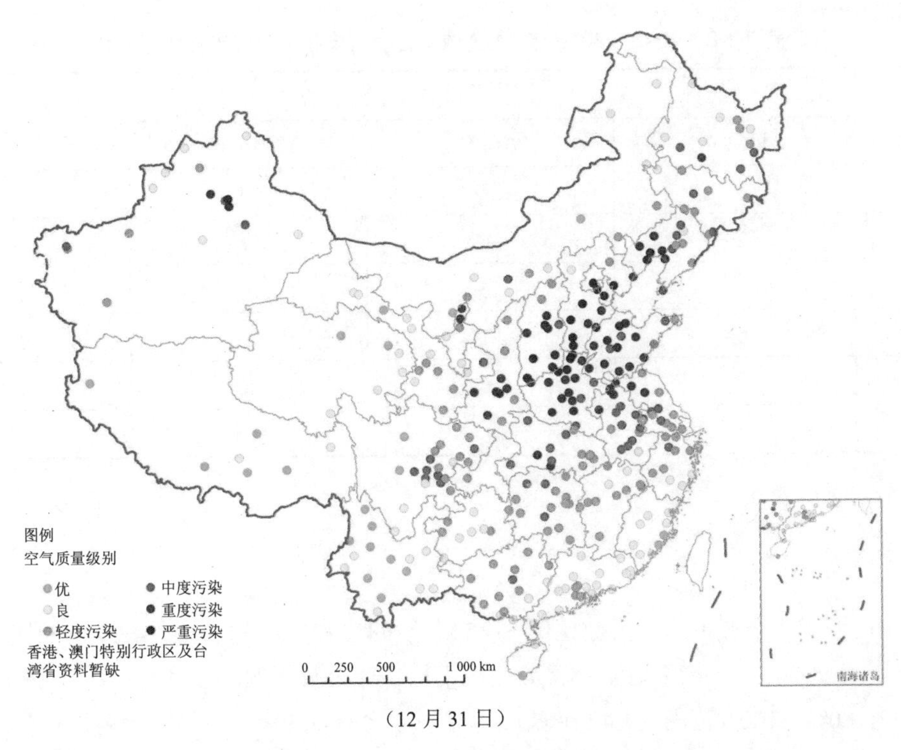

（12 月 31 日）

图 2.1-24 2016 年 11—12 月部分日期全国空气质量状况分布示意

2.1.2 新标准第一阶段城市

2.1.2.1 总体情况

2016 年，74 个第一阶段实施新标准的城市（以下简称 74 个城市）中，舟山、丽水、福州、厦门、深圳、珠海、惠州、中山、海口和昆明 10 个城市空气质量达标，占 13.5%；64 个城市超标，占 86.5%。其中，60 个城市 $PM_{2.5}$ 超标，占 81.1%；46 个城市 PM_{10} 超标，占 62.2%；34 个城市 NO_2 超标，占 45.9%；28 个城市 O_3 超标，占 37.8%；3 个城市 CO 超标，占 4.1%；1 个城市 SO_2 超标，占 1.4%。从污染物超标项数来看，1 项污染物超标的城市有 12 个，2 项污染物超标的城市有 16 个，3 项污染物超标的城市有 19 个，4 项污染物超标的城市有 14 个，5 项污染物超标的城市有 3 个（保定、唐山和衡水）。

与上年相比，空气质量达标城市减少 1 个，$PM_{2.5}$ 达标城市增加 2 个，PM_{10} 达标城市增加 7 个，NO_2 达标城市增加 2 个，SO_2 达标城市增加 2 个，O_3 达标城市持平，CO 达标城市增加 1 个。

表 2.1-8 2013—2016 年 74 个城市各项污染物达标城市数年际变化

污染物	达标城市数量/个			
	2013 年	2014 年	2015 年	2016 年
SO_2	64	66	71	73
NO_2	29	36	38	40
PM_{10}	11	16	21	28
CO	63	71	70	71
O_3	57	50	46	46
$PM_{2.5}$	3	9	12	14

2.1.2.2 空气质量指数

2016 年，74 个城市达标天数比例在 35.8%～98.8%之间，平均为 74.2%，同比上升 3.0 个百分点，比 2013 年上升 13.7 个百分点；平均超标天数比例为 25.8%。26 个城市达标天数比例在 80%～100%范围内，42 个城市达标天数比例在 50%～80%范围内，衡水、保定、郑州、济南、石家庄和邢台 6 个城市达标天数比例不足 50%。

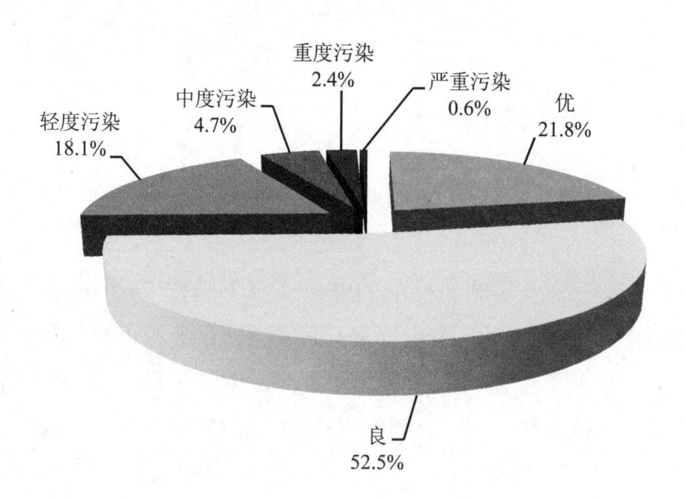

图 2.1-25 2016 年 74 个城市不同空气质量级别比例情况

2016 年，74 个城市共超标 6 974 天次。其中，以 $PM_{2.5}$、O_3、PM_{10}、NO_2 和 SO_2 为首要污染物的超标天数占总天数的 57.5%、30.8%、10.5%、1.6%和 0.1%；以 CO 为首要污染物的超标天数仅 2 d，不足 0.1%。

表 2.1-9　2016 年 74 个城市超标情况

污染等级	首要污染物	累计污染天数/d	出现城市数/个
轻度污染	SO_2	7	2
	NO_2	114	27
	PM_{10}	555	50
	CO	2	1
	O_3	1 896	73
	$PM_{2.5}$	2 348	72
中度污染	SO_2	0	0
	NO_2	0	0
	PM_{10}	109	35
	CO	0	0
	O_3	240	48
	$PM_{2.5}$	921	63
重度污染	SO_2	0	0
	NO_2	0	0
	PM_{10}	20	15
	CO	0	0
	O_3	15	10
	$PM_{2.5}$	616	49
严重污染	SO_2	0	0
	NO_2	0	0
	PM_{10}	49	18
	CO	0	0
	O_3	0	0
	$PM_{2.5}$	124	19

1 月、3 月、11 月和 12 月超标天数较多，分别占 11.8%、10.3%、10.1%和 15.6%；10 月超标天数最少，占 3.6%。

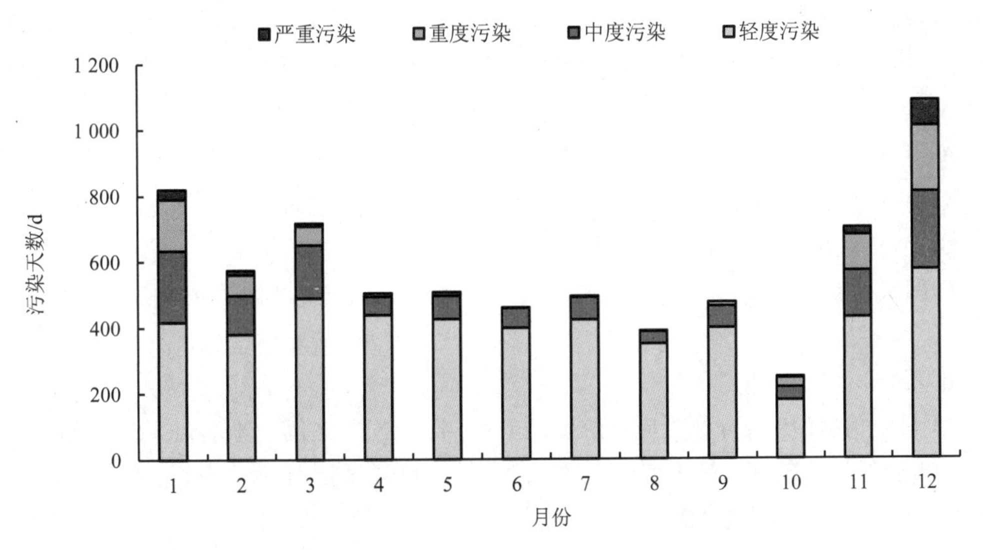

图 2.1-26　2016 年 74 个城市超标天数月际变化

2.1.2.3 各项污染物

（1）$PM_{2.5}$

$PM_{2.5}$年均质量浓度在21～99 μg/m^{3}之间，平均为50 μg/m^3，同比下降9.1%。日均值超标天数占监测天数的比例为16.7%，同比下降4.1个百分点。18.9%的城市（14个）$PM_{2.5}$年均质量浓度达到二级标准，81.1%的城市（60个）劣于二级标准。与上年相比，东莞和丽水两个城市$PM_{2.5}$年均质量浓度由不达标变为达标。

（2）PM_{10}

PM_{10}年均质量浓度在39～164 μg/m^{3}之间，平均为85 μg/m^3，同比下降8.6%。日均值超标天数占监测天数的比例为11.5%，同比下降2.8个百分点。1.4%的城市（海口）PM_{10}年均质量浓度达到一级标准，36.5%的城市（27个）PM_{10}年均质量浓度达到二级标准，62.2%的城市（46个）劣于二级标准。与上年相比，拉萨由达标变为不达标，温州、嘉兴、湖州等8个城市由不达标变为达标。

（3）O_3

O_3日最大8小时平均第90百分位数质量浓度在102～199 μg/m^{3}之间，平均为154 μg/m^3，同比上升2.7%。超标天数占监测天数的比例为8.6%，同比上升0.4个百分点。62.2%的城市（46个）O_3日最大8小时平均第90百分位数质量浓度达到二级标准，37.8%的城市（28个）劣于二级标准。与上年相比，6个城市由达标变为不达标，6个城市由不达标变为达标。

（4）SO_2

SO_2年均质量浓度在6～68 μg/m^{3}之间，平均为21 μg/m^3，同比下降16.0%。日均值超标天数占监测天数的比例为0.3%，同比下降0.6个百分点。64.9%的城市（48个）SO_2年均质量浓度达到一级标准，33.8%的城市（25个）达到二级标准，1.4%的城市（太原）劣于二级标准。与上年相比，沈阳和银川两个城市SO_2年均质量浓度由不达标变为达标。

（5）NO_2

NO_2年均质量浓度在16～61 μg/m^{3}之间，平均为39 μg/m^3，同比持平。日均值超标天数占监测天数的比例为4.2%，同比上升0.1个百分点。54.1%的城市（40个）NO_2年均质量浓度达到一级标准/二级标准，45.9%的城市（34个）劣于二级标准。与上年相比，合肥、徐州、呼和浩特等5个城市由达标变为不达标，长春、镇江、沈阳等7个城市由不达标变为达标。

（6）CO

CO日均值第95百分位数质量浓度在0.9～4.4 mg/m^{3}之间，平均为1.9 mg/m^3，同比下降9.5%。日均值超标天数占监测天数的比例为0.6%，同比下降0.2个百分点。95.9%的城市（71个）CO日均值第95百分位数质量浓度达到一级标准/二级标准，4.1%的城市（衡水、保定、唐山）劣于二级标准。与上年相比，衡水由达标变为不达标，石家庄和邢台2

个城市由不达标变为达标。

2.1.3 重点区域

2.1.3.1 总体状况

2016 年，京津冀区域所有城市均未达标，长三角区域仅舟山和丽水六项污染物全部达标，珠三角区域深圳、珠海、惠州和中山 4 个城市六项污染物全部达标。

表 2.1-10 2016 年重点区域各项污染物达标城市数量 单位：个

区域	城市总数量	达标城市数量						综合达标
		$PM_{2.5}$	PM_{10}	O_3	SO_2	NO_2	CO	
京津冀	13	1	0	4	13	2	10	0
长三角	25	2	12	13	25	17	25	2
珠三角	9	6	9	7	9	7	9	4

2016 年，京津冀、长三角和珠三角区域达标天数比例分别为 56.8%、76.1%和 89.5%，重度及以上污染天数比例分别为 9.1%、0.9%和 0.2%。与上年相比，京津冀、长三角和珠三角区域达标天数比例分别上升 4.3 个、4.0 个和 0.3 个百分点。

表 2.1-11 2016 年重点区域各级别天数比例 单位：%

区域	优	良	轻度污染	中度污染	重度污染	严重污染
京津冀	9.7	47.1	25.3	8.8	7.0	2.2
长三角	21.9	54.2	19.0	3.9	0.9	0.0
珠三角	43.2	46.2	8.9	1.4	0.2	0.0

京津冀区域以 $PM_{2.5}$、O_3 和 PM_{10} 为首要污染物的超标天数分别占总超标天数的 63.1%、26.3%和 10.8%，长三角区域以 $PM_{2.5}$、O_3 和 PM_{10} 为首要污染物的超标天数分别占总超标天数的 55.3%、39.8%和 3.4%，珠三角区域以 O_3、$PM_{2.5}$ 和 NO_2 为首要污染物的超标天数分别占总超标天数的 70.3%、19.6%和 10.4%。

表 2.1-12 2016 年重点区域超标天数中首要污染物比例 单位：%

区域	$PM_{2.5}$	O_3	PM_{10}	NO_2	CO	SO_2
京津冀	63.1	26.3	10.8	0.3	0.1	0.0
长三角	55.3	39.8	3.4	2.1	0.0	0.0
珠三角	19.6	70.3	0.0	10.4	0.0	0.0

2016年，京津冀区域11月和12月达标天数比例较低，分别为36.9%和30.5%；8月达标天数比例最高，为83.6%。长三角区域1月和12月达标天数比例较低，分别为58.1%和59.3%；10月达标天数比例最高，为99.4%。珠三角区域8月达标天数比例最低，为76.7%；1—4月、6月、10月份达标天数比例较高，均超过90%。

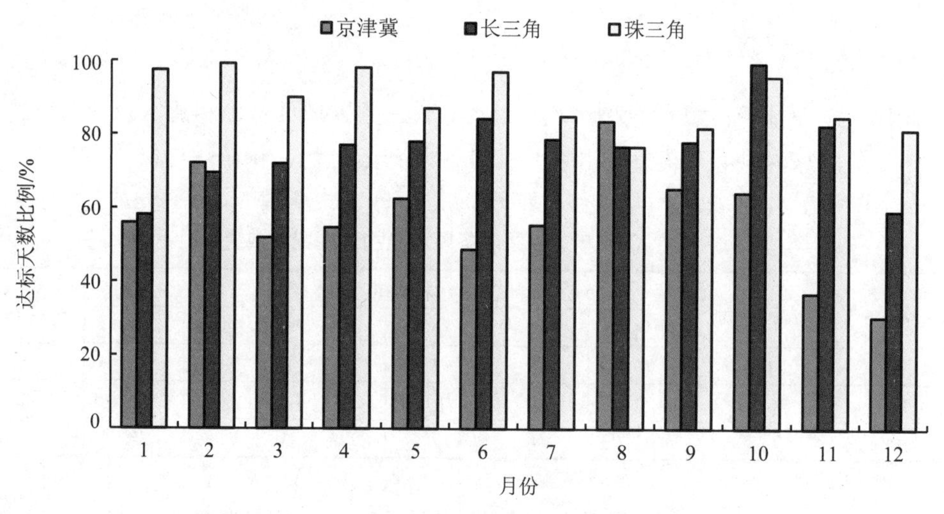

图2.1-27　2016年重点区域达标天数比例月际变化

2.1.3.2　京津冀区域

2016年，京津冀区域13个城市空气质量达标天数比例在35.8%～78.7%之间，平均为56.8%，同比上升4.3个百分点。张家口、秦皇岛、承德等9个城市的优良天数比例在50%～80%范围内，衡水、保定、石家庄和邢台4个城市达标天数比例不足50%。

13个城市 $PM_{2.5}$ 平均质量浓度为71 μg/m³，同比下降7.8%；PM_{10} 平均质量浓度为119 μg/m³，同比下降9.8%；O_3 日最大8小时平均第90百分位数质量浓度平均为172 μg/m³，同比上升6.2%；SO_2 平均质量浓度为31 μg/m³，同比下降18.4%；NO_2 平均质量浓度为49 μg/m³，同比上升6.5%；CO日均值第95百分位数质量浓度平均为3.2 mg/m³，同比下降13.5%。

2.1.3.3　长三角区域

2016年，长三角区域25个城市空气质量达标天数比例在65.0%～95.4%之间，平均为76.1%，同比上升4.0个百分点。丽水、舟山、温州等7个城市达标天数比例在80%～100%范围内，其他18个城市达标天数比例在50%～80%范围内。

25个城市 $PM_{2.5}$ 平均质量浓度为46 μg/m³，同比下降13.2%；PM_{10} 平均质量浓度为75 μg/m³，同比下降9.6%；O_3 日最大8小时平均第90百分位数质量浓度平均为159 μg/m³，同比下降2.5%；SO_2 平均质量浓度为17 μg/m³，同比下降19.0%；NO_2 平均质量浓度为

36 μg/m³，同比下降 2.7%；CO 日均值第 95 百分位数质量浓度平均为 1.5 mg/m³，同比持平。

2.1.3.4 珠三角区域

2016 年，珠三角区域 9 个城市空气质量达标天数比例在 84.4%～96.7%之间，平均为 89.5%，同比上升 0.3 个百分点。9 个城市达标天数比例均在 80%～100%范围内。

9 个城市 $PM_{2.5}$ 平均质量浓度为 32 μg/m³，同比下降 5.9%；PM_{10} 平均质量浓度为 49 μg/m³，同比下降 7.5%；O_3 日最大 8 小时平均第 90 百分位数质量浓度平均为 151 μg/m³，同比上升 4.1%；SO_2 平均质量浓度为 11 μg/m³，同比下降 15.4%；NO_2 平均质量浓度为 35 μg/m³，同比上升 6.1%；CO 日均值第 95 百分位数质量浓度平均为 1.3 mg/m³，同比下降 7.1%。

2.1.4 温室气体

2.1.4.1 城市站

2016 年，全国城市 CO_2 年均质量浓度为 401.2 ppm①，同比下降 0.9 个百分点。CO_2 月均质量浓度呈秋冬季高、夏季低的特点。CH_4 年均质量浓度为 2 301.3 ppb②，同比上升 9.1 个百分点。CH_4 月均质量浓度总体呈升高趋势。

2012—2016 年，全国城市 CO_2 年均质量浓度分别为 411.6 ppm、404.3 ppm、402.0 ppm、404.9 ppm 和 401.2 ppm，2016 年最低，2012 年最高。五年来，CO_2 月均质量浓度变化均呈明显的季节变化趋势，冬季质量浓度高、夏季质量浓度低。

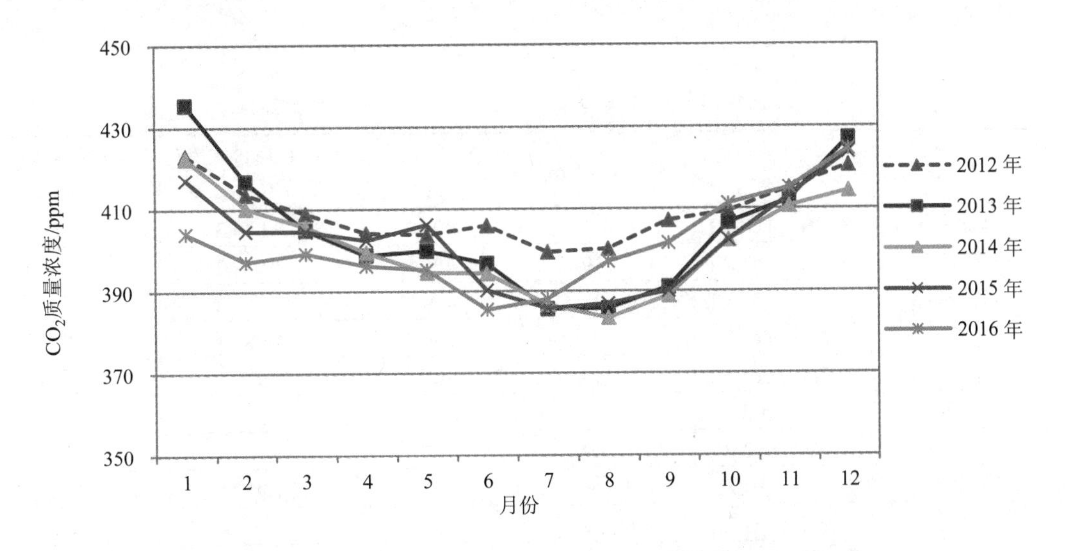

图 2.1-28　2012—2016 年城市温室气体站 CO_2 月均质量浓度变化

① 1 ppm=1 mg/m³。
② 1 ppb=1 μg/m³。

2012—2016 年，全国城市 CH_4 年均质量浓度分别为 2 230.3 ppb、2 208.7 ppb、2 302.4 ppb、2 109.1 ppb 和 2 301.3 ppb，2015 年最低，2014 年最高。

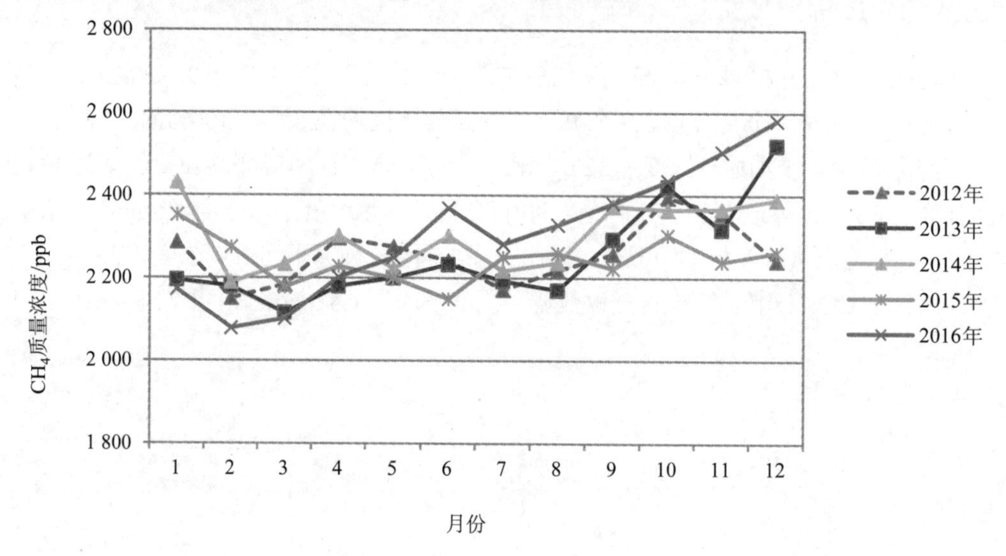

图 2.1-29 2012—2016 年城市温室气体站 CH_4 月均质量浓度变化

2.1.4.2 背景站

2016 年，9 个背景站中，大部分站点 CO_2、CH_4 和 N_2O 年均质量浓度均高于 2015 年全球背景值；仅云南丽江、广东南岭和青海门源的 CO_2，内蒙古呼伦贝尔的 N_2O 年均质量浓度低于 2015 年全球大气本底值。

表 2.1-13 2016 年背景站 CO_2、CH_4 和 N_2O 监测结果

点位名称	经纬度	海拔高度/m	CO_2 质量浓度/ppm	CH_4 质量浓度/ppb	N_2O 质量浓度/ppb
山东长岛	38.2ºN，120.7ºE	163	401.3	2 034.3	—**
福建武夷山	27.6ºN，117.7ºE	1 139	409.5	1 981.3	331.0
山西庞泉沟	37.9ºN，111.5ºE	1 807	419.8	1 985.3	—**
内蒙古呼伦贝尔	49.9ºN，119.3ºE	615	406.5	1 981.1	325.4
湖北神农架	31.5ºN，110.3ºE	2 930	403.2	1 963.1	—**
云南丽江	27.2ºN，100.3ºE	3 410	398.4	1 919.4	—**
广东南岭	24.7ºN，112.9ºE	1 689	397.3	1 902.4	370.8
四川海螺沟	29.6ºN，102ºE	3 571	404.3	1 950.0	337.7
青海门源	37.6ºN，101.3ºE	3 295	391.7	—**	—**
2015 年全球大气本底值*			400.0	1 845	328.0

* 数据来源：世界气象组织（WMO）颁布的《2015 年温室气体公报》。

** 无监测数据。

2.1.5 背景站和区域站

2.1.5.1 背景站

2016年，14个背景站中，长白山和喀纳斯达到一级标准，其他12个背景站均存在未能达到一级标准的污染物。O_3达标背景站数量最少，喀纳斯和长白山O_3达到一级标准，其他12个背景站均未达到一级标准，其中庞泉沟和长岛劣于二级标准。$PM_{2.5}$达标背景站为10个，分别为呼伦贝尔、长白山、武夷山、神农架、五指山、海螺沟、丽江、纳木错、门源和喀纳斯，其他4个背景站均未达到一级标准，其中长岛劣于二级标准。PM_{10}除长岛劣于二级标准外，其他13个背景站均达到一级标准。14个背景站SO_2、NO_2和CO均达到一级标准。

从背景站达标指标数量来看，长白山和喀纳斯6项污染物均达标；呼伦贝尔、武夷山、神农架、五指山、海螺沟、丽江、纳木错和门源8个背景站有5项污染物达到一级标准，超标污染物均为O_3；庞泉沟、衡山和南岭3个背景站分别有4项污染物达到一级标准，超标污染物均为O_3和$PM_{2.5}$；长岛仅3项污染物达到一级标准，O_3、$PM_{2.5}$和PM_{10}均劣于二级标准。

从污染物质量浓度来看，SO_2年均质量浓度范围为0.3（丽江）～12.2（长岛）μg/m^3，平均为3.0 μg/m^3；NO_2年均质量浓度范围为0.5（纳木错）～15.7（长岛）μg/m^3，平均为4.1 μg/m^3；PM_{10}年均质量浓度范围为6.1（喀纳斯）～74.2（长岛）μg/m^3，平均为24.5 μg/m^3；$PM_{2.5}$年均质量浓度范围为5.2（喀纳斯）～48.8（长岛）μg/m^3，平均为14.1 μg/m^3；CO日均值第95百分位数质量浓度范围为0.16（纳木错）～1.31（神农架）mg/m^3，平均为0.65 mg/m^3；O_3日最大8小时第90百分位数质量浓度范围为90.2（喀纳斯）～208.3（长岛）μg/m^3，平均为131.3 μg/m^3。

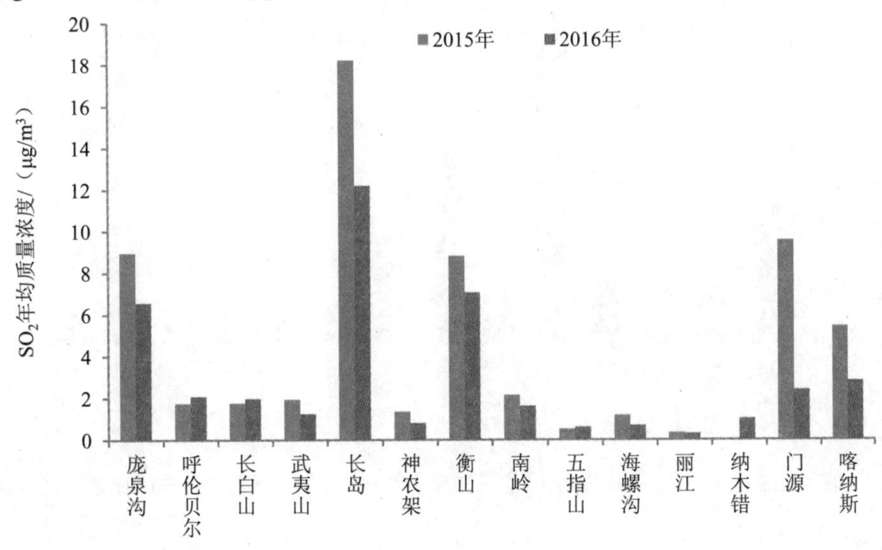

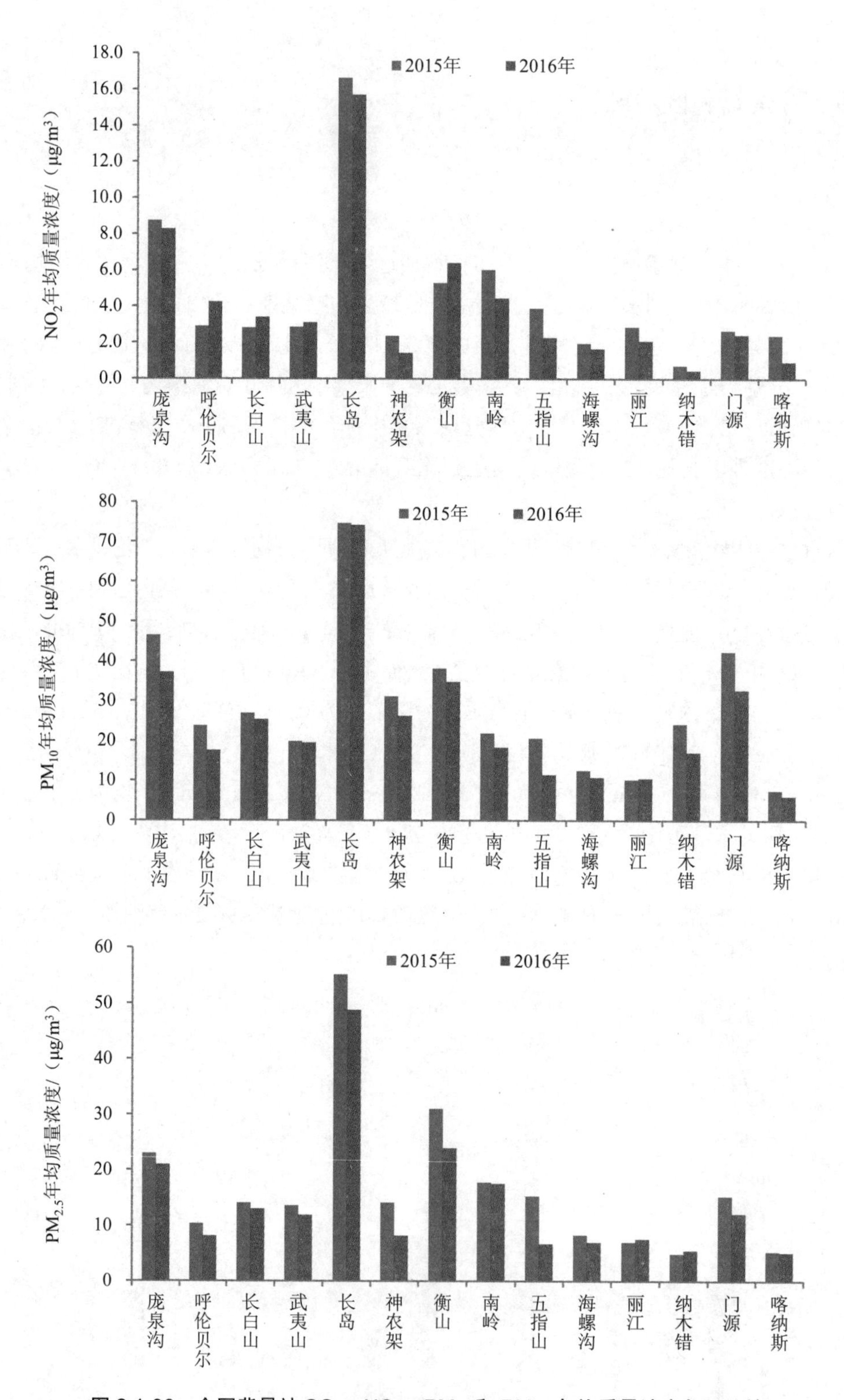

图 2.1-30　全国背景站 SO_2、NO_2、PM_{10} 和 $PM_{2.5}$ 年均质量浓度年际比较

2.1.5.2　区域站

2016 年，全国区域环境 SO_2 平均质量浓度为 13 μg/m³，同比持平；NO_2 平均质量浓度为 19 μg/m³，同比上升 5.6%；PM_{10} 平均质量浓度为 58 μg/m³，同比下降 13.4%。

区域环境 SO_2、NO_2 和 PM_{10} 平均质量浓度分别比地级及以上城市低 9 μg/m³、11 μg/m³ 和 24 μg/m³。

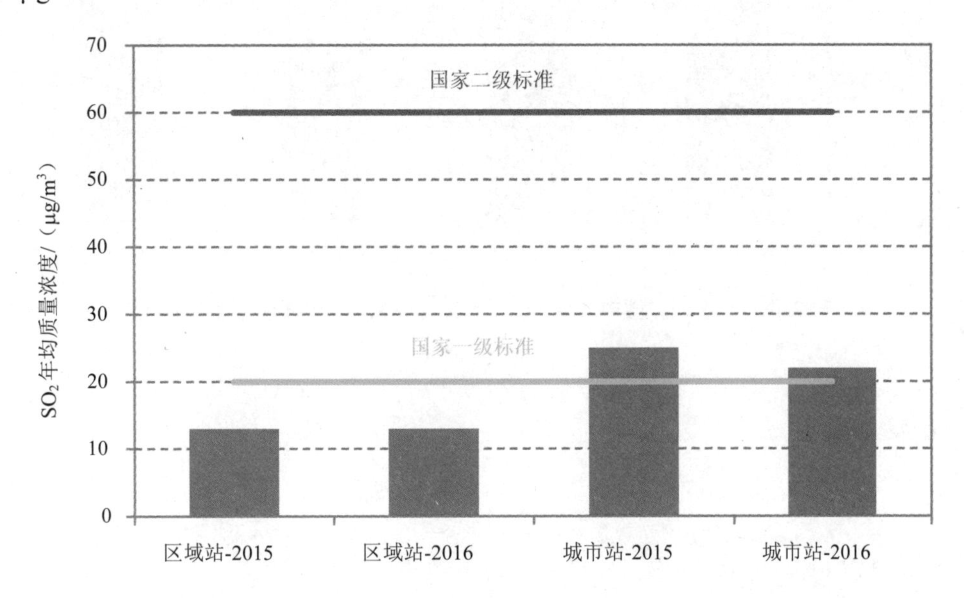

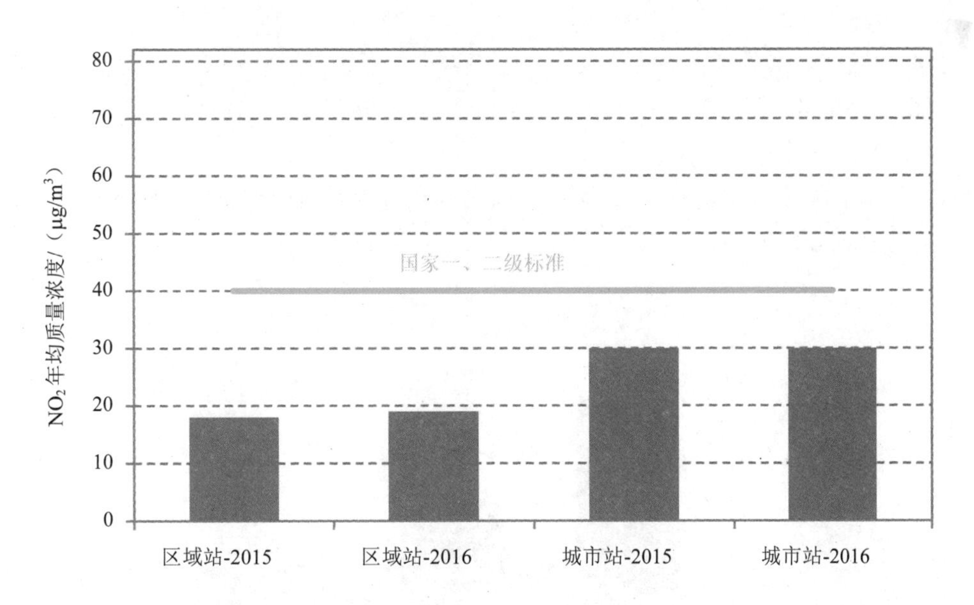

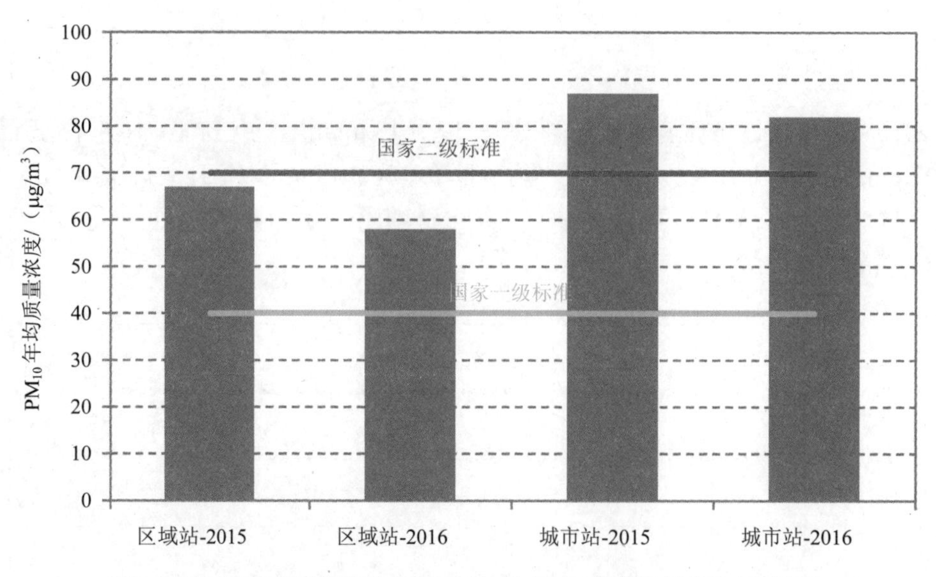

图 2.1-31 区域和城市环境 SO_2、NO_2 和 PM_{10} 平均质量浓度年际比较

2.2 降水

2.2.1 酸雨城市比例

474 个城市降水监测结果统计表明，全国城市（区、县）降水 pH 年均值在 4.06（湖南株洲市）～8.14（新疆库尔勒市）之间。酸雨城市 94 个，占 19.8%；较重酸雨城市 32 个，占 6.8%；重酸雨城市 4 个，占 0.8%。

与上年相比，全国酸雨城市、较重酸雨城市和重酸雨城市比例分别下降 2.7 个百分点、1.7 个百分点和 0.2 个百分点。

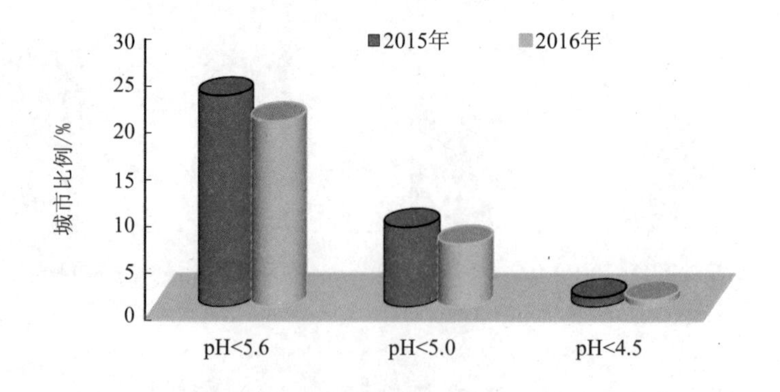

图 2.2-1 不同降水 pH 年均值的城市比例年际比较

表 2.2-1　2016 年全国降水 pH 年均值统计

pH 年均值范围		pH<4.5	4.5～5.0	5.0～5.6	5.6～7	≥7
全国	城市数/个	4	28	62	268	112
	所占比例/%	0.8	5.9	13.1	56.6	23.6

全国有 8 个省份酸雨城市比例超过 30%，其中浙江和福建 80%（含）以上的城市（区、县）是酸雨城市。

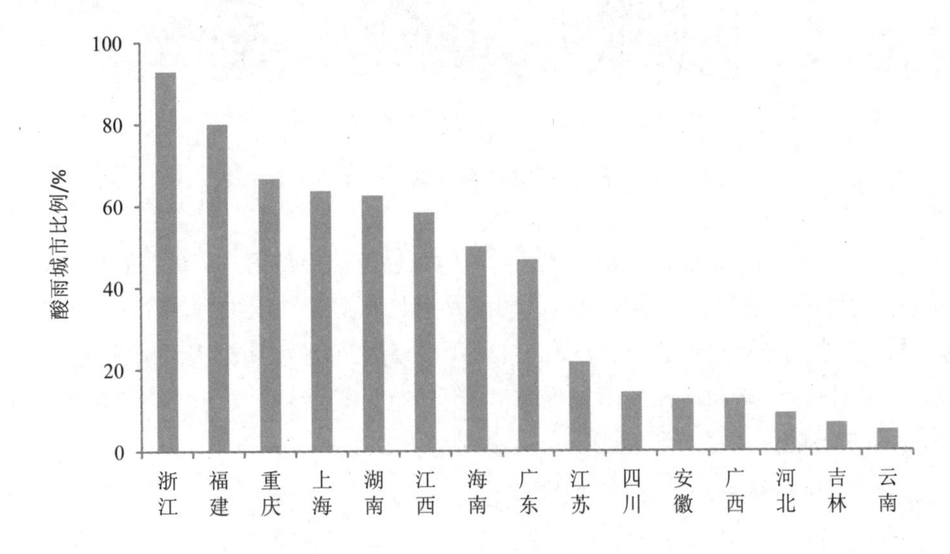

图 2.2-2　2016 年各省份酸雨城市比例

2.2.2　酸雨发生频率

2016 年，全国 474 个参加统计的城市中，184 个城市出现酸雨，占总数的 38.8%；酸雨发生频率在 25%及以上的城市 96 个，占 20.3%；酸雨发生频率在 50%及以上的城市 48 个，占 10.1%；酸雨发生频率在 75%及以上的城市 18 个，占 3.8%。

表 2.2-2　2016 年全国酸雨发生频率分段统计

酸雨发生频率		0	0～25%	25%～50%	50%～75%	≥75%
全国	城市数/个	290	88	48	30	18
	所占比例/%	61.2	18.6	10.1	6.3	3.8

与上年相比，全国酸雨发生频率在 25%以上、50%以上和 75%以上的城市比例分别下降 0.5 个百分点、2.6 个百分点和 1.2 个百分点。

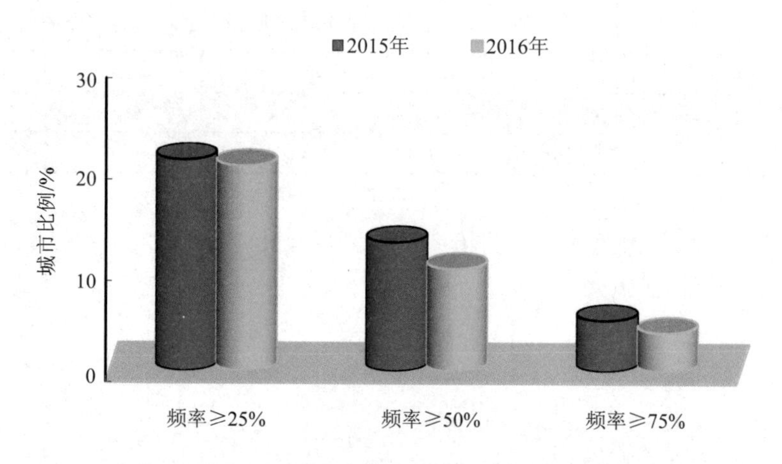

图 2.2-3　不同酸雨发生频率的城市比例年际比较

以四川东部、重庆北部、湖北中部、安徽中部、江苏中部为分界线，全国酸雨发生频率大于 5%的地区主要分布在南方地区；酸雨发生频率大于 50%的地区主要分布在长三角地区、珠三角地区、福建中北部、江西东北部、湖南中部地区和重庆西南部地区。

与上年相比，云南和贵州酸雨发生频率大于 5%的地区有所减少，全国酸雨发生频率超过 50%和 75%的面积也有所减少。

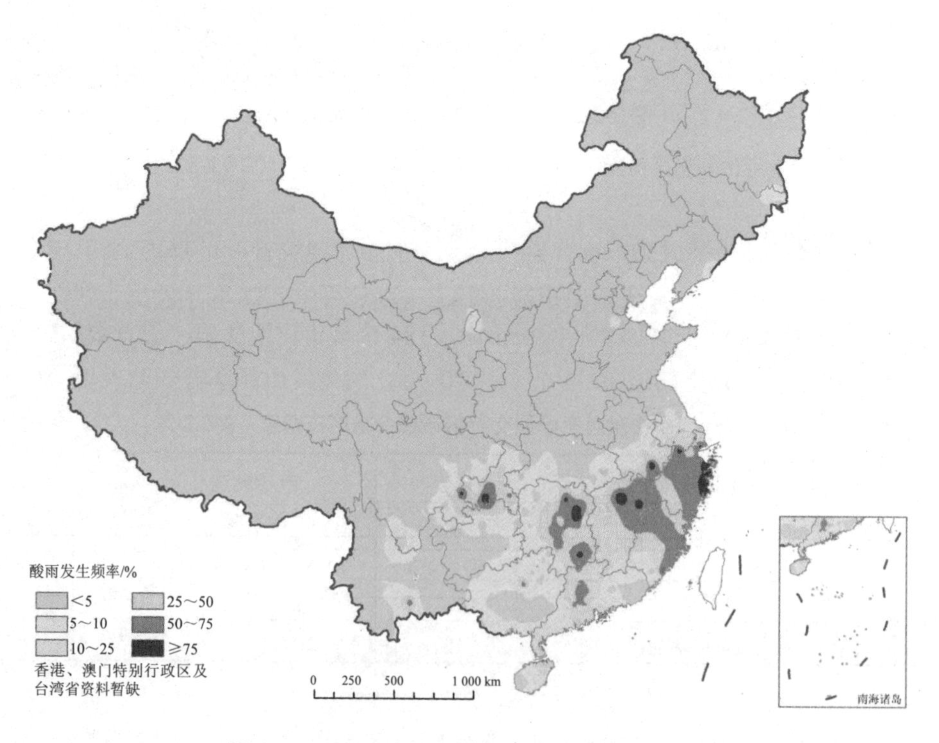

图 2.2-4　2016 年全国酸雨发生频率等值线图

从酸雨发生频率分析，7 个省份酸雨发生频率高于 25%的城市比例超过 30%，其中上海、浙江和福建 80%以上（含）的城市（区、县）酸雨发生频率超过 25%。

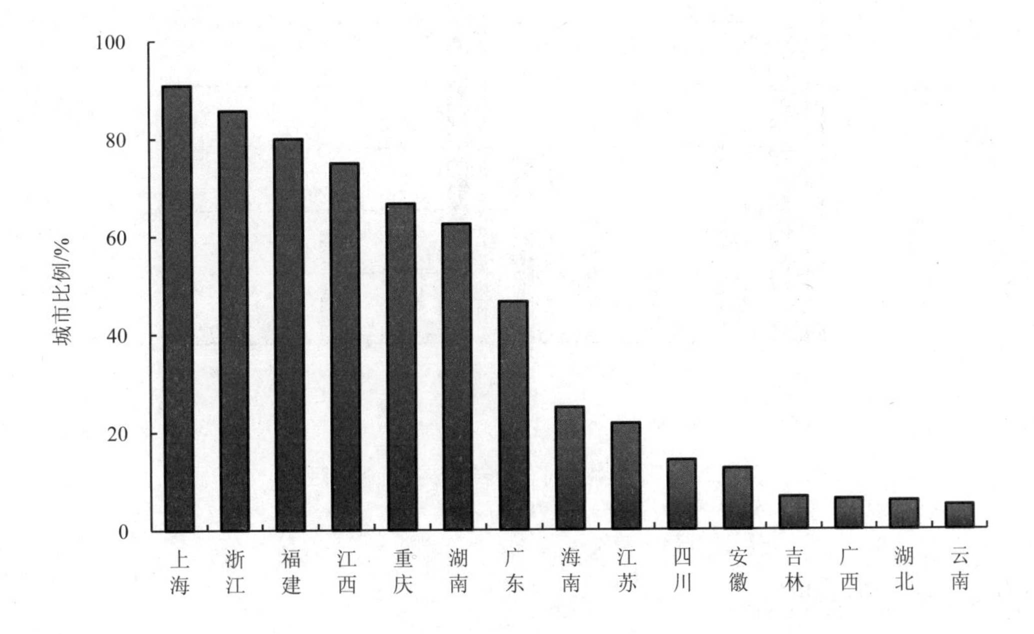

图 2.2-5　2016 年各省份酸雨发生频率高于 25%的城市比例

2.2.3　降水酸度

2016 年，全国 474 个城市降水 pH 年均值为 5.45，南方地区（291 个城市）降水 pH 年均值为 5.38，北方地区（183 个城市）降水 pH 年均值为 6.54。与上年相比，全国及南北方地区降水酸度均有所下降。

2.2.4　降水化学组成

2016 年，全国 383 个监测全部离子组分城市的降水化学监测结果表明，我国降水中的主要阳离子为钙和铵，分别占离子总当量的 24.0%和 14.5%；降水中的主要阴离子为硫酸根，占离子总当量的 22.5%；硝酸根占离子总当量的 8.7%。降水中硫酸根与硝酸根当量浓度比为 2.6，硫酸盐为我国降水中的主要致酸物质。

与上年相比，硫酸根和钙离子当量浓度比例有所下降，氟离子、氯离子和钠离子当量浓度比例有所上升，其他离子当量浓度比例基本持平。

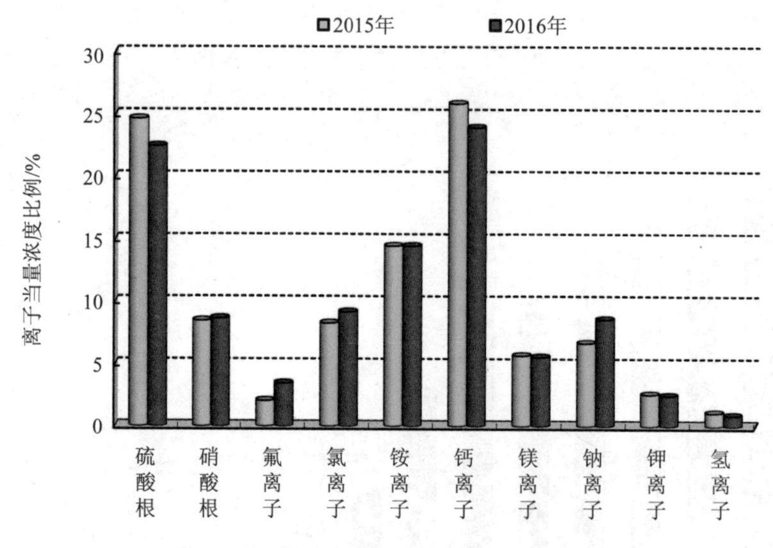

图 2.2-6 降水中主要离子当量浓度比例年际比较

2.2.5 酸雨区域分布

2016 年，全国酸雨分布区域集中在长江以南—云贵高原以东地区，主要包括浙江、上海、江西、福建的大部分地区、湖南中东部、广东中部、重庆南部、江苏南部和安徽南部的少部分地区。酸雨发生面积约 69 万 km^2，占国土面积的 7.2%，比上年下降 0.4 个百分点。

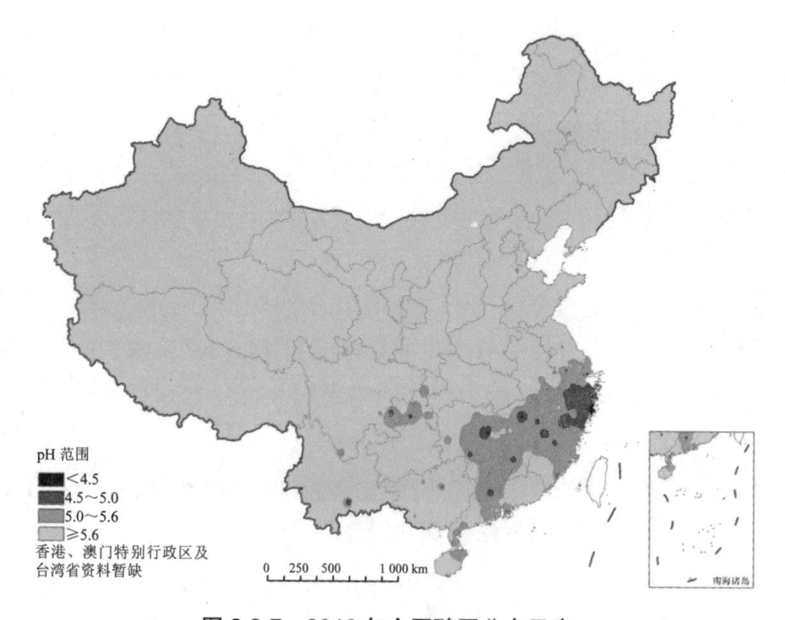

图 2.2-7 2016 年全国酸雨分布示意

2.3　淡水水质

2.3.1　全国

2016 年，全国地表水总体为轻度污染，主要污染指标为总磷、化学需氧量和五日生化需氧量。1 940 个国考断面中，Ⅰ类 47 个，占 2.4%；Ⅱ类 728 个，占 37.5%；Ⅲ类 541 个，占 27.9%；Ⅳ类 325 个，占 16.8%；Ⅴ类 133 个，占 6.9%；劣Ⅴ类 166 个，占 8.6%。与上年相比，Ⅰ类水质断面比例上升 0.4 个百分点，Ⅱ类上升 4.1 个百分点，Ⅲ类下降 2.7 个百分点，Ⅳ类下降 1.7 个百分点，Ⅴ类上升 1.1 个百分点，劣Ⅴ类下降 1.1 个百分点；总体水质无明显变化。

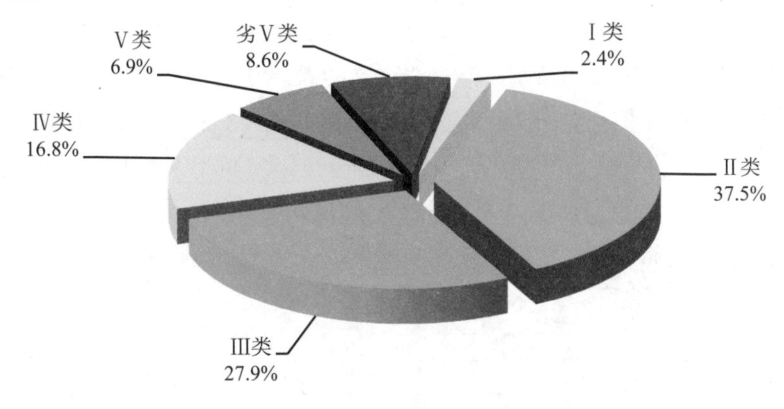

图 2.3-1　2016 年全国地表水水质类别比例

全国地表水国考断面高锰酸盐指数年均质量浓度为 3.6 mg/L，氨氮年均质量浓度为 0.70 mg/L。

地表水粪大肠菌群断面超标率为 22.9%，湖（库）总氮点位超标率为 52.5%。

1 940 个国考断面中，有 29 个断面（点位）出现 48 次重金属超标现象。超标断面（点位）分布在长江流域、黄河流域、珠江流域、海河流域、辽河流域、西北诸河和太湖流域。分省份来看，超标断面（点位）分布在云南（5 个）、辽宁（5 个）、江西（3 个）、山西（3 个）、甘肃（1 个）、广东（1 个）、天津（1 个）、北京（1 个）、河北（1 个）、内蒙古（1 个）、山东（1 个）、浙江（1 个）、湖南（1 个）、吉林（1 个）、河南（1 个）、陕西（1 个）和广西（1 个）。从污染指标看，汞超标频次最多，占总超标次数的 39.6%；其次是砷，占 27.1%；硒占 14.6%；镉占 12.5%；锌占 4.2%；六价铬占 2.1%。

在重金属超标断面（点位）中，汞超标断面 14 个，超标 19 次；砷超标断面（点位）5 个，超标 13 次；镉超标断面（点位）6 个，超标 6 次；硒超标断面 4 个，超标 7 次；锌超标断面 2 个，超标 2 次；六价铬超标断面 1 个，超标 1 次。各超标断面（点位）重金属污染程度不同，汞超标在 0.08～5.8 倍之间，最大超标断面出现在黄河流域昆河三艮才入黄口断面；砷超标在 0.02～1.5 倍之间，超标断面出现在珠江流域南盘江长虹桥断面；镉超标在 0.2～4.6 倍之间，最大超标断面出现在长江流域袁水浮桥断面；锌超标在 0.6～0.9 倍之间，最大超标断面出现在海河流域清河沙子营断面；硒超标为 0.2～5.2 倍之间，最大超标断面出现在辽河流域庄河小于屯断面；六价铬超标 0.02 倍，出现在黄河流域北洛河田庄镇南城村断面。

2.3.2 主要江河

2016 年，长江、黄河、珠江、松花江、淮河、海河、辽河七大流域和浙闽片河流、西北诸河、西南诸河的 1 617 个国考断面总体为轻度污染，主要污染指标为化学需氧量、总磷和五日生化需氧量。其中，Ⅰ类 34 个，占 2.1%；Ⅱ类 676 个，占 41.8%；Ⅲ类 441 个，占 27.3%；Ⅳ类 217 个，占 13.4%；Ⅴ类 102 个，占 6.3%；劣Ⅴ类 147 个，占 9.1%。与上年相比，Ⅰ类水质断面比例上升 0.2 个百分点，Ⅱ类上升 5.5 个百分点，Ⅲ类下降 3.5 个百分点，Ⅳ类下降 1.9 个百分点，Ⅴ类上升 0.5 个百分点，劣Ⅴ类下降 0.8 个百分点；总体水质无明显变化。

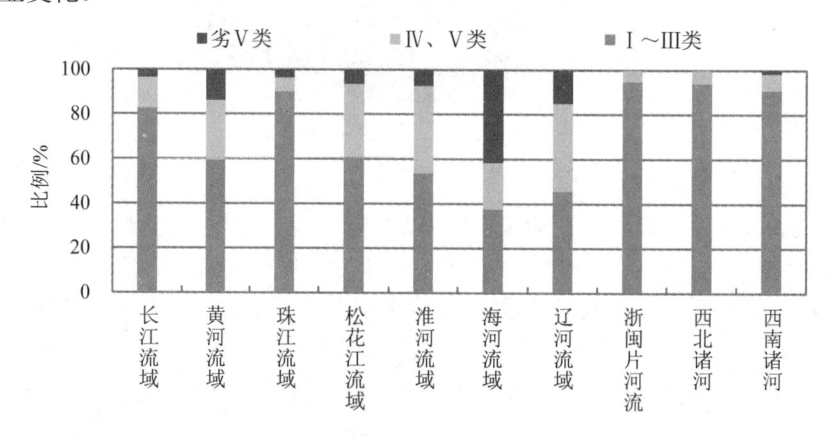

图 2.3-2 2016 年七大流域和浙闽片河流、西北诸河、西南诸河水质状况

2.3.2.1 长江流域

（1）水质状况

2016 年，长江流域水质良好。510 个国考断面中，Ⅰ类占 2.7%，Ⅱ类占 53.5%，Ⅲ类占 26.1%，Ⅳ类占 9.6%，Ⅴ类占 4.5%，劣Ⅴ类占 3.5%。与上年相比，Ⅰ类上升 0.5 个百分点，Ⅱ类上升 7.0 个百分点，Ⅲ类下降 7.0 个百分点，Ⅳ类上升 0.2 个百分点，Ⅴ类上升 1.8 个百分点，劣Ⅴ类下降 2.6 个百分点；总体水质无明显变化。

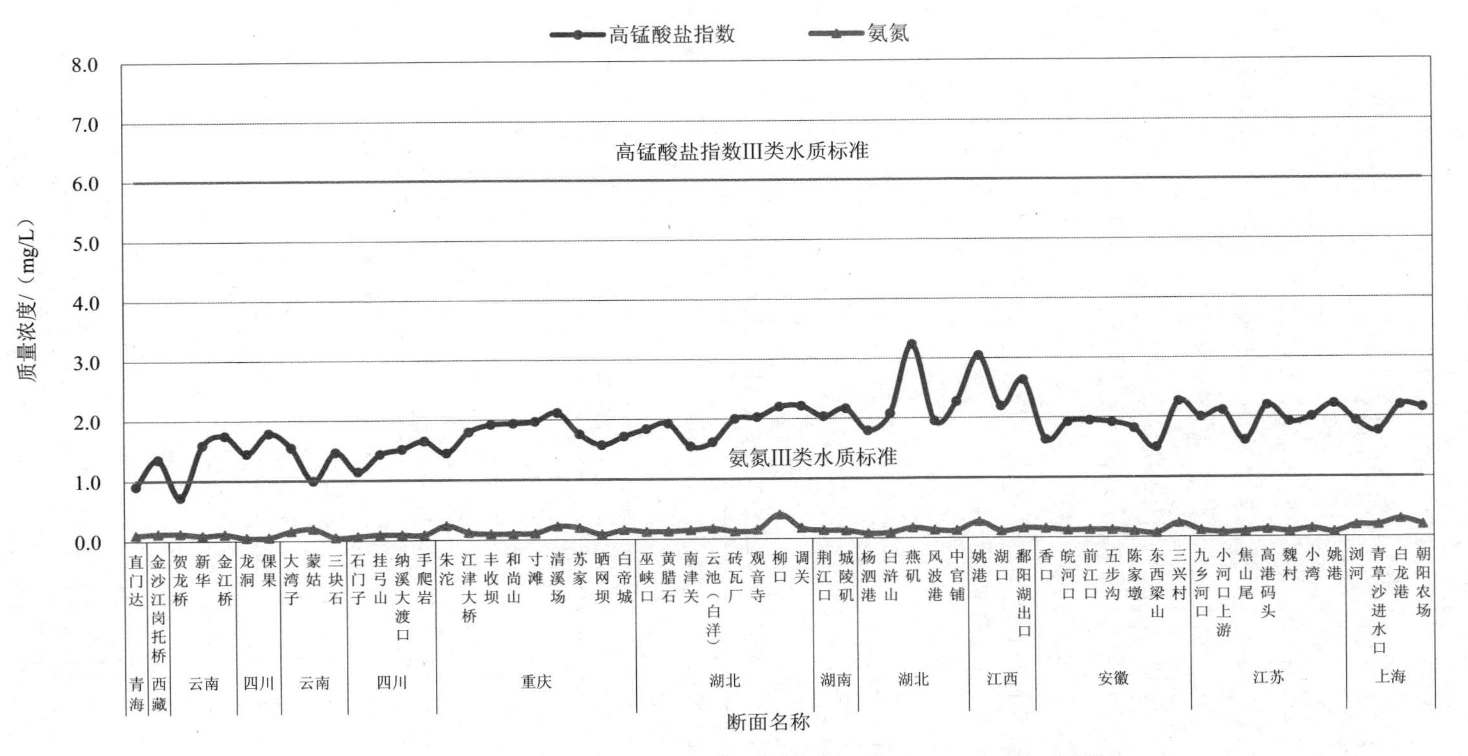

图 2.3-3　2016 年长江干流高锰酸盐指数和氨氮质量浓度沿程变化

长江干流水质为优。59个国控断面中：Ⅰ类占6.8%，Ⅱ类占50.8%，Ⅲ类占37.3%，Ⅳ类占5.1%，无Ⅴ类和劣Ⅴ类。与2015年相比，Ⅱ类上升18.6个百分点，Ⅲ类下降22.0个百分点，Ⅳ类上升5.1个百分点，Ⅴ类下降1.7个百分点，Ⅰ类和劣Ⅴ类均持平；总体水质无明显变化。

长江主要支流水质良好。451个国考断面中，Ⅰ类占2.2%，Ⅱ类占53.9%，Ⅲ类占24.6%，Ⅳ类占10.2%，Ⅴ类占5.1%，劣Ⅴ类占4.0%。与上年相比，Ⅰ类上升0.6个百分点，Ⅱ类上升5.6个百分点，Ⅲ类下降5.1个百分点，Ⅳ类下降0.4个百分点，Ⅴ类上升2.2个百分点，劣Ⅴ类下降2.9个百分点；总体水质无明显变化。

长江流域省界断面水质总体为优。60个国考断面中，Ⅰ类占6.7%，Ⅱ类占65.0%，Ⅲ类占26.7%，Ⅳ类占1.7%，无Ⅴ类和劣Ⅴ类。与上年相比，Ⅰ类上升1.7个百分点，Ⅱ类上升3.3个百分点，Ⅲ类上升1.7个百分点，Ⅳ类下降5.0个百分点，Ⅴ类下降1.7个百分点，劣Ⅴ类持平；总体水质无明显变化。

（2）主要污染指标/超标指标

2016年，长江流域超标排在前三位的指标为总磷、氨氮和化学需氧量，断面超标率分别为11.4%、7.3%和6.1%。

表2.3-1 2016年长江流域超标指标情况

指标	统计断面数/个	年均值断面超标率/%	年均值/（mg/L）	年均值超标最高断面及超标倍数	
				断面名称	超标倍数
总磷	510	11.4	未检出～1.45	鸣矣河昆明市通仙桥	6.2
氨氮	510	7.3	0.04～4.09	四湖总干渠潜江市运粮湖同心队	3.1
化学需氧量	510	6.1	未检出～37	竹皮河荆门市马良龚家湾	0.8
五日生化需氧量	509	4.7	未检出～7.3	来河滁州市水口	0.8
溶解氧	510	1.8	2.6～10.8	苏州河上海市浙江路桥	—
高锰酸盐指数	510	1.6	0.7～9.7	来河滁州市水口	0.6
石油类	510	1.2	未检出～0.42	仪扬河扬州市冻青桥	7.4
氟化物	510	0.4	未检出～3.54	团结河镇江市葛村桥	2.5
挥发酚	510	0.4	未检出～0.009 4	四湖总干渠潜江市运粮湖同心队	0.9
阴离子表面活性剂	510	0.4	未检出～0.50	四湖总干渠潜江市运粮湖同心队	1.5
砷	510	0.2	未检出～0.051 9	小江昆明市四级站	0.04

2.3.2.2 黄河流域

（1）水质状况

2016 年，黄河流域总体为轻度污染，主要污染指标为化学需氧量、氨氮和五日生化需氧量。137 个国考断面中，Ⅰ类占 2.2%，Ⅱ类占 32.1%，Ⅲ类占 24.8%，Ⅳ类占 20.4%，Ⅴ类占 6.6%，劣Ⅴ类占 13.9%。与上年相比，Ⅰ类持平，Ⅱ类上升 3.6 个百分点，Ⅲ类下降 0.7 个百分点，Ⅳ类上升 2.2 个百分点，Ⅴ类下降 2.2 个百分点，劣Ⅴ类下降 2.9 个百分点；总体水质无明显变化。

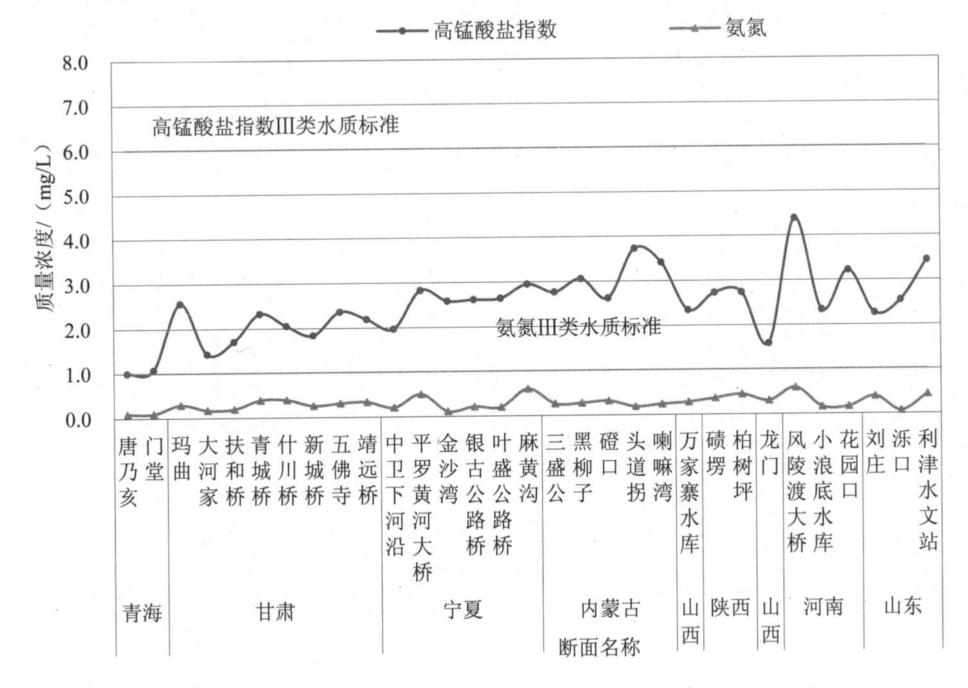

图 2.3-4 2016 年黄河流域干流高锰酸盐指数和氨氮质量浓度沿程变化

黄河干流水质为优。31 个国考断面中，Ⅰ类占 6.5%，Ⅱ类占 64.5%，Ⅲ类占 22.6%，Ⅳ类占 6.5%，无Ⅴ类和劣Ⅴ类。与上年相比，Ⅱ类上升 19.4 个百分点，Ⅲ类下降 16.1 个百分点，Ⅳ类下降 3.2 个百分点，Ⅰ类、Ⅴ类和劣Ⅴ类均持平；总体水质无明显变化。

黄河主要支流为轻度污染，主要污染指标为化学需氧量、氨氮和五日生化需氧量。106 个国考断面中，Ⅰ类占 0.9%，Ⅱ类占 22.6%，Ⅲ类占 25.5%，Ⅳ类占 24.5%，Ⅴ类占 8.5%，劣Ⅴ类占 17.9%。与上年相比，Ⅰ类持平，Ⅱ类下降 0.9 个百分点，Ⅲ类上升 3.8 个百分点，Ⅳ类上升 3.8 个百分点，Ⅴ类下降 2.8 个百分点，劣Ⅴ类下降 3.8 个百分点；总体水质无明显变化。

黄河流域省界断面为轻度污染，主要污染指标为化学需氧量、五日生化需氧量和氨氮。39 个国考断面中，Ⅰ类水质断面占 2.6%，Ⅱ类占 33.3%，Ⅲ类占 20.5%，Ⅳ类占 25.6%，

Ⅴ类占 2.6%，劣Ⅴ类占 15.4%。与上年相比，Ⅰ类持平，Ⅱ类升高 5.1 个百分点，Ⅲ类升高 2.6 个百分点，Ⅳ类升高 5.1 个百分点，Ⅴ类下降 7.7 个百分点，劣Ⅴ类下降 5.1 个百分点；总体水质有所好转。

（2）主要污染指标/超标指标

2016 年，黄河流域超标排在前三位的指标为化学需氧量、氨氮和五日生化需氧量，断面超标率分别为 31.6%、24.3%和 22.2%。

表 2.3-2 2016 年黄河流域超标指标情况

指标	统计断面数/个	年均值断面超标率/%	年均值/（mg/L）	年均值超标最高断面及超标倍数	
				断面名称	超标倍数
化学需氧量	136	31.6	未检出～90	涑水河运城市张留庄	3.5
氨氮	136	24.3	未检出～35.2	昆河包头市三艮才入黄口	34.2
五日生化需氧量	135	22.2	未检出～29.9	汾河太原市温南社	6.5
总磷	135	21.5	未检出～2.20	涑水河运城市张留庄	10
高锰酸盐指数	136	16.2	未检出～21.2	涑水河运城市张留庄	2.5
石油类	135	11.1	未检出～0.41	金堤河濮阳市大韩桥	7.2
氟化物	136	8.1	未检出～2.90	昆河包头市三艮才入黄口	1.9
溶解氧	135	5.2	2.8～10.2	磁窑河晋中市桑柳树	—
挥发酚	136	4.4	未检出～0.043 3	磁窑河晋中市桑柳树	0.4
阴离子表面活性剂	135	2.2	未检出～0.59	磁窑河晋中市桑柳树	2
硫化物	130	0.8	未检出～0.237	浍河运城市西曲村	0.2
汞	135	0.7	未检出～0.000 19	昆河包头市三艮才入黄口	0.9

2.3.2.3 珠江流域

（1）水质状况

2016 年，珠江流域总体水质良好。165 个国考断面中，Ⅰ类占 2.4%，Ⅱ类占 62.4%，Ⅲ类占 24.8%，Ⅳ类占 4.8%，Ⅴ类占 1.8%，劣Ⅴ类占 3.6%。与上年相比，Ⅰ类上升 0.6 个百分点，Ⅱ类上升 1.2 个百分点，Ⅲ类上升 1.2 个百分点，Ⅳ类下降 3.6 个百分点，Ⅴ类上升 0.6 个百分点，劣Ⅴ类持平；总体水质无明显变化。

珠江干流水质良好。50 个国考断面中，Ⅰ类占 4.0%，Ⅱ类占 72.0%，Ⅲ类占 12.0%，Ⅳ类占 10.0%，Ⅴ类占 2.0%，无劣Ⅴ类水质断面。与上年相比，Ⅰ类上升 2.0 百分点，Ⅲ类下降 2.0 个百分点，Ⅳ类上升 2.0 个百分点，劣Ⅴ类下降 2.0 个百分点，Ⅱ类和Ⅴ类均持平；总体水质无明显变化。

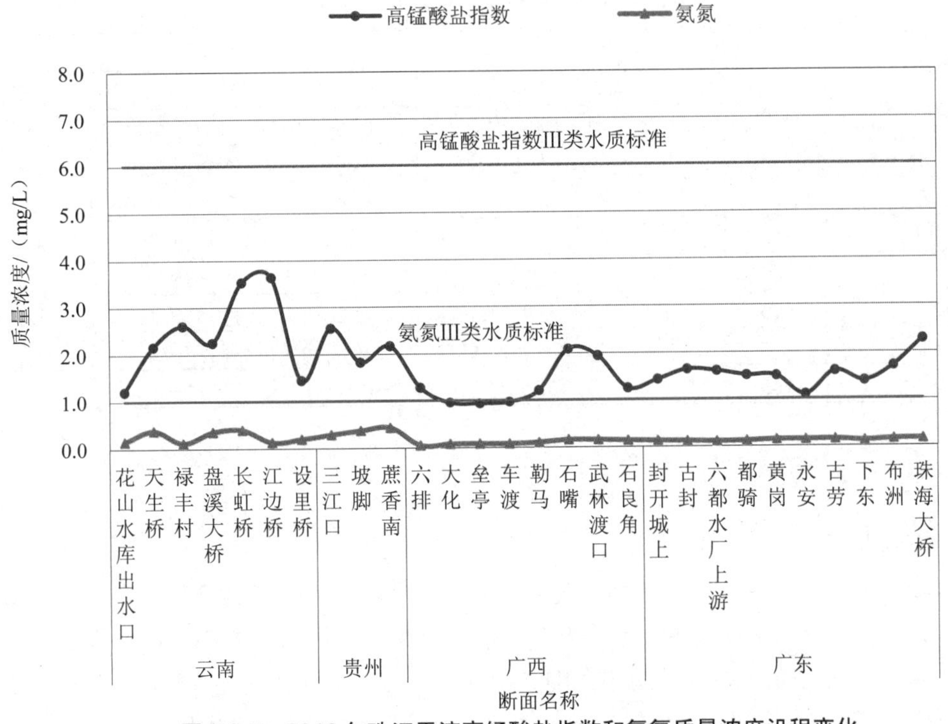

图 2.3-5　2016 年珠江干流高锰酸盐指数和氨氮质量浓度沿程变化

珠江主要支流水质良好。101 个国考断面中，Ⅰ类占 2.0%，Ⅱ类占 56.4%，Ⅲ类占 30.7%，Ⅳ类占 3.0%，Ⅴ类占 2.0%，劣Ⅴ类占 5.9%。与上年相比，Ⅰ类持平，Ⅱ类上升 2.0 个百分点，Ⅲ类上升 3.0 个百分点，Ⅳ类下降 6.9 个百分点，Ⅴ类上升 1.0 个百分点，劣Ⅴ类上升 0.9 个百分点；总体水质无明显变化。

海南岛内河流水质为优。14 个国考断面中，Ⅱ类占 71.4%，Ⅲ类占 28.6%，无Ⅰ类、Ⅳ类、Ⅴ类和劣Ⅴ类水质断面。与 2015 年相比，各类水质断面比例均持平，总体水质无明显变化。

珠江省界断面水质为优。17 个国控断面中，Ⅱ类占 76.5%，Ⅲ类占 17.6%，Ⅳ类占 5.9%，无Ⅰ类、Ⅴ类和劣Ⅴ类水质断面。与 2015 年相比，Ⅰ类下降 5.9 个百分点，Ⅱ类上升 23.6 个百分点，Ⅲ类下降 5.9 个百分点，Ⅳ类下降 11.8 个百分点；总体水质有所变好。

（2）主要污染指标/超标指标

2016 年，珠江流域超标排在前三位的指标为溶解氧、总磷和氨氮，断面超标率分别为 7.9%、7.3%和 6.7%。

表 2.3-3　2016 年珠江流域超标指标情况

指标	统计断面数/个	年均值断面超标率/%	年均值/（mg/L）	年均值超标最高断面及超标倍数	
				断面名称	超标倍数
溶解氧	165	7.9	1.0～9.3	茅洲河东莞市、深圳市共和村	—
总磷	165	7.3	未检出～2.11	茅洲河东莞市、深圳市共和村	9.6
氨氮	165	6.7	0.05～12.0	茅洲河东莞市、深圳市共和村	11.0
五日生化需氧量	165	4.8	未检出～20.8	练江汕头市海门湾桥闸	4.2
化学需氧量	165	3.6	未检出～74	练江汕头市海门湾桥闸	2.7
高锰酸盐指数	165	2.4	0.9～15.7	练江汕头市海门湾桥闸	1.6
阴离子表面活性剂	165	2.4	未检出～0.83	练江汕头市海门湾桥闸	3.2
石油类	165	1.8	0.01～0.15	前山河水道珠海市石角咀水闸	1.9

2.3.2.4　松花江流域

（1）水质状况

2016 年，松花江流域总体为轻度污染，主要污染指标为化学需氧量、高锰酸盐指数和氨氮。监测的 108 个国考断面中，无Ⅰ类，Ⅱ类占 13.9%，Ⅲ类占 46.3%，Ⅳ类占 29.6%，Ⅴ类占 3.7%，劣Ⅴ类占 6.5%。与上年相比，Ⅱ类上升 3.7 个百分点，Ⅲ类下降 7.4 个百分点，Ⅴ类上升 0.9 个百分点，劣Ⅴ类上升 2.8 个百分点，Ⅰ类和Ⅳ类均持平；总体水质无明显变化。

松花江干流水质为优。17 个国考断面中，Ⅱ类占 23.5%，Ⅲ类占 70.6%，Ⅳ类占 5.9%，无Ⅰ类、Ⅴ类和劣Ⅴ类。与上年相比，Ⅱ类下降 5.9 个百分点，Ⅲ类上升 17.6 个百分点，Ⅳ类下降 11.7 个百分点，Ⅰ类、Ⅴ类和劣Ⅴ类均持平；总体水质有所好转。

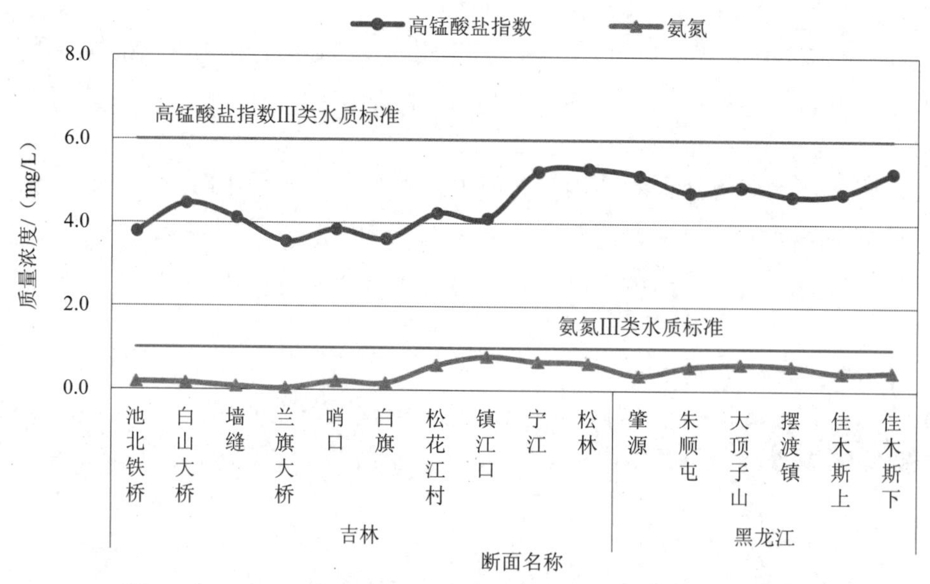

图 2.3-6　2016 年松花江流域干流高锰酸盐指数和氨氮质量浓度沿程变化

松花江主要支流总体为轻度污染，主要污染指标为化学需氧量、高锰酸盐指数和氨氮。56 个国考断面中，无Ⅰ类，Ⅱ类占 14.3%，Ⅲ类占 39.3%，Ⅳ类占 32.1%，Ⅴ类占 5.4%，劣Ⅴ类占 8.9%。与上年相比，Ⅰ类持平，Ⅱ类上升 3.6 个百分点，Ⅲ类下降 17.9 个百分点，Ⅳ类上升 8.9 个百分点，Ⅴ类上升 3.6 个百分点，劣Ⅴ类上升 1.8 个百分点；总体水质有所下降。

黑龙江水系总体为轻度污染，主要污染指标为高锰酸盐指数和化学需氧量。18 个国考断面中，Ⅱ类占 5.6%，Ⅲ类占 38.9%，Ⅳ类占 50.0%，Ⅴ类占 5.6%，无Ⅰ类和劣Ⅴ类。与上年相比，Ⅱ类上升 1.9 个百分点，Ⅲ类下降 9.3 个百分点，Ⅳ类上升 5.6 个百分点，Ⅴ类上升 1.9 个百分点，Ⅰ类和劣Ⅴ类均持平；总体水质无明显变化。

乌苏里江水系总体为轻度污染，主要污染指标为高锰酸盐指数和化学需氧量。9 个国考断面中，Ⅲ类水质断面占 44.4%，Ⅳ类占 55.6%。与上年相比，Ⅲ类下降 11.2 个百分点，Ⅳ类上升 11.2 个百分点；总体水质有所下降。

图们江水系总体为轻度污染，主要污染指标为氨氮、石油类和化学需氧量。7 个国考断面中，无Ⅰ类和Ⅱ类，Ⅲ类占 57.1%，Ⅳ类、Ⅴ类和劣Ⅴ类各占 14.3%。与上年相比，Ⅳ类下降 14.3 个百分点，劣Ⅴ类上升 14.3 个百分点，Ⅰ类、Ⅱ类、Ⅲ类和Ⅴ类均持平；总体水质有所下降。

绥芬河水质良好。与上年相比，由轻度污染变为良好，水质有所好转。

松花江省界断面总体水质为优。23 个国考断面中，无Ⅰ类、Ⅴ类和劣Ⅴ类水质断面，Ⅱ类占 34.8%，Ⅲ类占 56.5%，Ⅳ类占 8.7%。与上年相比，Ⅱ类上升 13.1 个百分点，Ⅲ类下降 4.4 个百分点，Ⅳ类下降 8.7 个百分点，Ⅰ类、Ⅴ类和劣Ⅴ类均持平；总体水质无明显变化。

（2）主要污染指标/超标指标

2016 年，松花江流域主要污染指标为化学需氧量、高锰酸盐指数和氨氮，断面超标率分别为 22.2%、19.4%和 10.2%。

表 2.3-4　2016 年松花江流域超标指标情况

指标	统计断面数/个	年均值断面超标率/%	年均值/（mg/L）	年均值超标最高断面及超标倍数	
				断面名称	超标倍数
化学需氧量	108	22.2	6～49	伊通河长春市靠山大桥	1.4
高锰酸盐指数	108	19.4	1.8～9.2	黑龙江鹤岗市名山	0.5
氨氮	108	10.2	0.01～10.0	伊通河长春市靠山大桥	9.0
五日生化需氧量	108	8.3	0.78～10.2	伊通河长春市靠山大桥	1.5
总磷	108	6.5	0.003～0.68	双阳河长春市砖瓦窑桥	2.4
溶解氧	108	1.9	3.3～10.7	阿什河哈尔滨市阿什河口内	—
石油类	108	1.9	0.005～0.14	布尔哈通河延边朝鲜族自治州延吉下	1.7
阴离子表面活性剂	107	1.9	未检出～0.30	伊通河长春市靠山大桥	0.5

2.3.2.5 淮河流域

（1）水质状况

2016年，淮河流域总体为轻度污染，主要污染指标为化学需氧量、五日生化需氧量和高锰酸盐指数。180个国考断面中无Ⅰ类，Ⅱ类占7.2%，Ⅲ类占46.1%，Ⅳ类占23.9%，Ⅴ类占15.6%，劣Ⅴ类占7.2%。与上年相比，Ⅰ类持平，Ⅱ类下降2.8个百分点，Ⅲ类上升3.3个百分点，Ⅳ类上升0.6个百分点，Ⅴ类上升2.2个百分点，劣Ⅴ类下降3.3个百分点；总体水质无明显变化。

淮河干流水质为优。10个国考断面中，Ⅲ类占90.0%，Ⅳ类占10.0%，无Ⅰ类、Ⅱ类、Ⅴ类和劣Ⅴ类。与上年相比，Ⅱ类下降30.0个百分点，Ⅲ类上升30.0个百分点，其他类均持平；总体水质无明显变化。

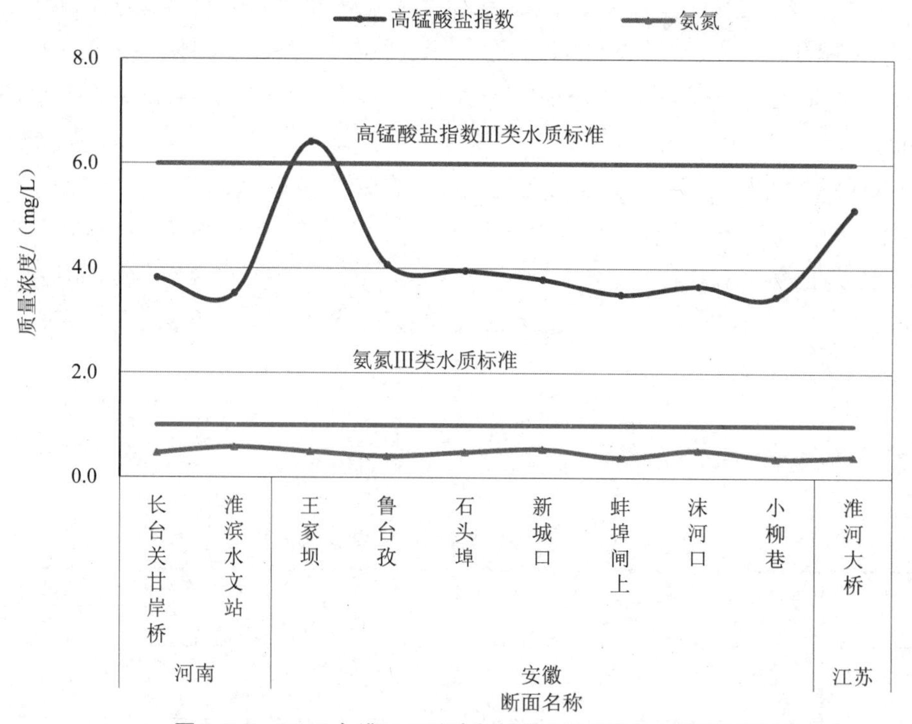

图2.3-7 2016年淮河干流高锰酸盐指数和氨氮质量浓度沿程变化

淮河主要支流为轻度污染，主要污染指标为化学需氧量、高锰酸盐指数和五日生化需氧量。101个国考断面中，无Ⅰ类，Ⅱ类占9.9%，Ⅲ类占35.6%，Ⅳ类占28.7%，Ⅴ类占18.8%，劣Ⅴ类占6.9%。与上年相比，Ⅱ类下降1.0个百分点，Ⅳ类上升2.0个百分点，Ⅴ类上升4.9个百分点，劣Ⅴ类下降6.0个百分点，Ⅰ类和Ⅲ类均持平；总体水质无明显变化。

沂沭泗水系为轻度污染，主要污染指标为化学需氧量、五日生化需氧量和高锰酸盐指数。48 个国考断面中，无Ⅰ类和Ⅱ类，Ⅲ类占 72.9%，Ⅳ类占 18.8%，Ⅴ类占 2.1%，劣Ⅴ类占 6.3%。与上年相比，Ⅲ类上升 6.2 个百分点，Ⅳ类下降 6.3 个百分点，Ⅴ类下降 4.1 个百分点，劣Ⅴ类上升 4.2 个百分点，Ⅰ类和Ⅱ类均持平；总体水质无明显变化。

山东半岛独流入海河流为轻度污染，主要污染指标为化学需氧量、氨氮和五日生化需氧量。21 个国考断面中，无Ⅰ类，Ⅱ类占 14.3%，Ⅲ类占 14.3%，Ⅳ类占 19.0%，Ⅴ类占 38.1%，劣Ⅴ类占 14.3%。与上年相比，Ⅱ类下降 4.8 个百分点，Ⅳ类上升 9.5 个百分点，Ⅴ类上升 4.8 个百分点，劣Ⅴ类下降 9.5 个百分点，Ⅰ类和Ⅲ类均持平；总体水质无明显变化。

淮河流域省界为轻度污染，主要污染指标为化学需氧量、高锰酸盐指数和五日生化需氧量。30 个国考断面中，无Ⅰ类和Ⅱ类，Ⅲ类占 40.0%，Ⅳ类占 20.0%，Ⅴ类占 26.7%，劣Ⅴ类占 13.3%。与上年相比，Ⅲ类上升 3.3 个百分点，Ⅳ类下降 10.0 个百分点，Ⅴ类上升 6.7 个百分点，Ⅰ类、Ⅱ类和劣Ⅴ类均持平；总体水质无明显变化。

（2）主要污染指标/超标指标

2016 年，淮河流域主要污染指标为化学需氧量、五日生化需氧量和高锰酸盐指数，断面超标率分别为 33.1%、29.1%和 28.6%。

表 2.3-5　2016 年淮河流域超标指标情况

指标	统计断面数/个	年均值断面超标率/%	年均值/（mg/L）	年均值超标最高断面及超标倍数	
				断面名称	超标倍数
化学需氧量	175	33.1	未检出～47	包河亳州市颜集	1.3
五日生化需氧量	175	29.1	1.1～9.5	小清河潍坊市羊口	1.4
高锰酸盐指数	175	28.6	1.8～13.0	白浪河山东省柳疃桥	1.2
总磷	175	25.7	未检出～1.52	付疃河山东省大古镇	6.6
氨氮	175	12.0	未检出～13.5	西盐大浦河江苏省盐河桥	12.5
氟化物	175	12.0	0.11～1.46	黑茨河安徽省张大桥	0.5
石油类	175	5.7	未检出～0.30	小清河潍坊市羊口	5.0
溶解氧	175	1.7	4.2～10.9	大沙河商丘市睢阳包公庙	—
挥发酚	175	0.6	未检出～0.005 5	清濮河河南省临颍高村桥	0.1

2.3.2.6 海河流域

（1）水质状况

2016年，海河流域总体为重度污染，主要污染指标为化学需氧量、五日生化需氧量和氨氮。161个国考断面中，Ⅰ类占1.9%，Ⅱ类占19.3%，Ⅲ类占16.1%，Ⅳ类占13.0%，Ⅴ类占8.7%，劣Ⅴ类占41.0%。与上年相比，Ⅰ类下降0.6百分点，Ⅱ类上升3.2个百分点，Ⅲ类下降1.3个百分点，Ⅳ类上升1.2个百分点，Ⅴ类下降5.6个百分点，劣Ⅴ类上升3.1个百分点；总体水质有所下降。

海河水系干流两个国考断面，三岔口为Ⅳ类，与上年相比有所好转；海河大闸为劣Ⅴ类，与上年相比无明显变化。

海河主要支流为重度污染，主要污染指标为化学需氧量、五日生化需氧量和氨氮。125个国考断面中，Ⅰ类占2.4%，Ⅱ类占18.4%，Ⅲ类占12.0%，Ⅳ类占10.4%，Ⅴ类占7.2%，劣Ⅴ类占49.6%。与上年相比，Ⅰ类下降0.8百分点，Ⅱ类上升3.2个百分点，Ⅲ类下降1.6个百分点，Ⅳ类持平，Ⅴ类下降4.0个百分点，劣Ⅴ类上升3.2个百分点；总体水质无明显变化。

滦河水系水质良好。17个国考断面中，Ⅱ类占41.2%，Ⅲ类占47.1%，Ⅳ类占11.8%，无Ⅰ类、Ⅴ类和劣Ⅴ类。与上年相比，Ⅱ类上升23.6个百分点，Ⅲ类下降23.5个百分点，Ⅰ类、Ⅳ类、Ⅴ类和劣Ⅴ类均持平；总体水质无明显变化。

徒骇马颊河水系为中度污染，主要污染指标为五日生化需氧量、化学需氧量和氨氮。11个国考断面中，无Ⅰ类，Ⅱ类占9.1%，Ⅲ类占18.2%，Ⅳ类占9.1%，Ⅴ类占36.4%，劣Ⅴ类占27.3%。与上年相比，Ⅱ类上升9.1个百分点，Ⅴ类下降18.1个百分点，劣Ⅴ类上升9.1个百分点，Ⅰ类、Ⅲ类和Ⅳ类均持平；总体水质有所下降。

冀东沿海诸河水系为轻度污染，主要污染指标为化学需氧量、总磷和高锰酸盐指数。6个国考断面中，Ⅲ类占16.7%，Ⅳ类占66.7%，劣Ⅴ类占16.7%，无Ⅰ类、Ⅱ类和Ⅴ类。与上年相比，Ⅲ类上升16.7个百分点，Ⅴ类下降16.7个百分点，Ⅰ类、Ⅱ类、Ⅳ类和劣Ⅴ类均持平；总体水质无明显变化。

海河流域省界为重度污染，主要污染指标为化学需氧量、五日生化需氧量和总磷。48个国考断面中，Ⅰ类占2.1%，Ⅱ类占16.7%，Ⅲ类占12.5%，Ⅳ类占8.3%，Ⅴ类占6.2%，劣Ⅴ类占54.2%。与上年相比，Ⅰ类下降4.1百分点，Ⅱ类上升4.2个百分点，Ⅲ类下降2.1个百分点，Ⅳ类持平，Ⅴ类下降12.6个百分点，劣Ⅴ类上升14.6个百分点；总体水质有所下降。

（2）主要污染指标/超标指标

2016年，海河流域主要污染指标为化学需氧量、五日生化需氧量和氨氮，断面超标率分别为51.0%、42.6%和39.4%。

表 2.3-6　2016 年海河流域超标指标情况

指标	统计断面数/个	年均值断面超标率/%	年均值/（mg/L）	年均值超标最高断面及超标倍数	
				断面名称	超标倍数
化学需氧量	155	51.0	4～247	滹沱河石家庄市枣营	11.4
五日生化需氧量	155	42.6	未检出～114	滹沱河石家庄市枣营	27.5
氨氮	155	39.4	0.03～32.0	龙凤减河廊坊市老夏安公路	31.0
高锰酸盐指数	155	38.1	1.2～47.4	滹沱河石家庄市枣营	6.9
总磷	155	37.4	未检出～2.29	还乡河唐山市丰北闸	10.4
石油类	155	22.6	未检出～0.42	马颊河濮阳市南乐水文站	7.4
氟化物	155	15.5	0.17～4.14	桑干河大同市固定桥	3.1
溶解氧	155	7.7	0.6～12.9	滹沱河石家庄市枣营	—
挥发酚	155	6.5	未检出～0.040 6	清凉江衡水市连村闸	7.1
阴离子表面活性剂	155	5.8	未检出～1.64	桃河阳泉市白羊墅	7.2
硫化物	155	1.3	未检出～0.801	滹沱河石家庄市枣营	3.0
汞	155	0.6	未检出～0.000 11	南洋河大同市宣家塔	0.1
硒	155	0.6	未检出～0.010 1	徒骇河德州市前油坊	0.01

2.3.2.7　辽河流域

（1）水质状况

辽河流域总体为轻度污染，主要污染指标为化学需氧量、五日生化需氧量和氨氮。106 个国考断面中，Ⅰ类占 1.9%，Ⅱ类占 31.1%，Ⅲ类占 12.3%，Ⅳ类占 22.6%，Ⅴ类占 17.0%，劣Ⅴ类占 15.1%。与上年相比，Ⅰ类下降 0.9 百分点，Ⅱ类上升 8.5 个百分点，Ⅲ类持平，Ⅳ类下降 22.7 个百分点，Ⅴ类上升 10.4 个百分点，劣Ⅴ类上升 4.7 个百分点；总体水质无明显变化。

辽河干流为轻度污染，主要污染指标为化学需氧量、五日生化需氧量和高锰酸盐指数。15 个国考断面中，Ⅲ类占 13.3%，Ⅳ类占 46.7%，Ⅴ类占 33.3%，劣Ⅴ类占 6.7%，无Ⅰ类和Ⅱ类。与上年相比，Ⅲ类上升 6.6 个百分点，Ⅳ类下降 26.6 个百分点，Ⅴ类上升 13.3 个百分点，劣Ⅴ类上升 6.7 个百分点，Ⅰ类和Ⅱ类均持平；总体水质无明显变化。

辽河主要支流为中度污染，主要污染指标为五日生化需氧量、化学需氧量和氨氮。21 个国考断面中，无Ⅰ类，Ⅱ类占 9.5%，Ⅲ类占 23.8%，Ⅳ类占 14.3%，Ⅴ类占 23.8%，劣Ⅴ类占 28.6%。与上年相比，Ⅰ类持平，Ⅱ类上升 4.7 个百分点，Ⅲ类上升 23.8 个百分点，Ⅳ类下降 47.6 个百分点，Ⅴ类上升 14.3 个百分点，劣Ⅴ类上升 4.8 个百分点；总体水质明显好转。

大辽河水系为轻度污染，主要污染指标为氨氮、化学需氧量和五日生化需氧量。28个国考断面中，Ⅱ类占35.7%，Ⅳ类占28.6%，Ⅴ类占17.9%，劣Ⅴ类占17.9%，无Ⅰ类和Ⅲ类。与上年相比，Ⅰ类下降7.2百分点，Ⅱ类上升21.4个百分点，Ⅲ类下降10.7个百分点，Ⅳ类下降10.7个百分点，Ⅴ类上升10.8个百分点，劣Ⅴ类下降3.5个百分点；总体水质无明显变化。

大凌河水系为轻度污染，主要污染指标为氟化物、高锰酸盐指数和氨氮。11个国考断面中，无Ⅰ类，Ⅱ类占45.5%，Ⅲ类占9.1%，Ⅳ类占9.1%，Ⅴ类占27.3%，劣Ⅴ类占9.1%。与上年相比，Ⅰ类持平，Ⅱ类上升9.1个百分点，Ⅲ类下降18.1个百分点，Ⅳ类下降27.3个百分点，Ⅴ类上升27.3个百分点，劣Ⅴ类上升9.1个百分点；总体水质有所下降。

鸭绿江水系水质为优。13个国考断面中，Ⅰ类占7.7%，Ⅱ类占84.6%，Ⅲ类占7.7%，无Ⅳ类、Ⅴ类和劣Ⅴ类。与上年相比，Ⅱ类上升7.7个百分点，Ⅳ类下降7.7个百分点，其他类均持平；总体水质无明显变化。

辽河流域省界断面为中度污染，主要污染指标为化学需氧量、五日生化需氧量和氨氮。10个国考断面中，无Ⅰ类，Ⅱ类占20.0%，Ⅲ类占20.0%，Ⅳ类占10.0%，Ⅴ类占30.0%，劣Ⅴ类占20.0%。与上年相比，Ⅱ类上升7.5个百分点，Ⅲ类上升5.0个百分点，Ⅳ类下降52.5个百分点，Ⅴ类上升30.0个百分点，劣Ⅴ类上升7.5个百分点；总体水质无明显变化。

（2）主要污染指标/超标指标

2016年，辽河流域主要污染指标为化学需氧量、五日生化需氧量和氨氮，断面超标率分别为33.3%、33.3%和29.4%。

表2.3-7 2016年辽河流域超标指标情况

指标	统计断面数/个	年均值断面超标率/%	年均值/（mg/L）	年均值超标最高断面及超标倍数	
				断面名称	超标倍数
化学需氧量	102	33.3	未检出～60	条子河四平市林家	2.0
五日生化需氧量	102	33.3	未检出～12.6	细河沈阳市于台	2.2
氨氮	102	29.4	未检出～13.3	条子河四平市林家	12.3
高锰酸盐指数	102	23.5	1.1～10.3	细河沈阳市于台	0.7
总磷	101	22.8	未检出～1.93	条子河四平市林家	8.7
石油类	102	15.7	未检出～0.21	绕阳河盘锦市胜利塘	3.1
挥发酚	102	2.9	未检出～0.013 5	东辽河四平市城子上	1.7
氟化物	102	2.9	未检出～1.62	西细河锦州市高台子	0.6
溶解氧	102	1.0	4.0～11.2	细河沈阳市于台	—
阴离子表面活性剂	101	1.0	未检出～0.24	大辽河营口市辽河公园	0.2
汞	102	1.0	未检出～0.000 16	沙子河锦州市沟帮子镇	0.6

2.3.2.8 浙闽片河流

（1）水质状况

2016年，浙闽片河流总体水质为优。125个国考断面中，Ⅰ类占3.2%，Ⅱ类占53.6%，Ⅲ类占37.6%，Ⅳ类占3.2%，Ⅴ类占2.4%，无劣Ⅴ类。与上年相比，Ⅰ类上升0.8个百分点，Ⅱ类上升12.8个百分点，Ⅲ类下降6.4个百分点，Ⅳ类下降2.4个百分点，Ⅴ类下降2.4个百分点，劣Ⅴ类下降2.4个百分点；总体水质无明显变化。

浙江境内河流水质为优。68个国考断面中，Ⅰ类占5.9%，Ⅱ类占47.1%，Ⅲ类占41.2%，Ⅳ类占2.9%，Ⅴ类占2.9%。与上年相比，Ⅰ类上升1.5个百分点，Ⅱ类上升7.4个百分点，Ⅲ类下降1.4个百分点，Ⅳ类下降5.9个百分点，Ⅴ类上升2.9个百分点，劣Ⅴ类下降4.4个百分点；总体水质有所好转。

福建境内河流水质为优。52个国考断面中，Ⅱ类占59.6%，Ⅲ类占34.6%，Ⅳ类占3.8%，Ⅴ类占1.9%。与上年相比，Ⅱ类上升21.1个百分点，Ⅲ类下降13.5个百分点，Ⅳ类上升1.9个百分点，Ⅴ类下降9.6个百分点；总体水质无明显变化。

安徽境内河流水质为优。5个国考断面中，Ⅱ类占80.0%，Ⅲ类占20.0%。与上年相比，Ⅱ类和Ⅲ类均持平；总体水质无明显变化。

浙闽片河流省界水质为优。2个国考断面均为Ⅱ类，与上年水质持平。

（2）主要污染指标/超标指标

2016年，浙闽片河流主要超标指标为氨氮、总磷和化学需氧量，断面超标率分别为4.8%、4.8%和3.2%。

表2.3-8 2016年浙闽片河流超标指标情况

指标	统计断面数/个	年均值断面超标率/%	年均值/（mg/L）	年均值超标最高断面及超标倍数	
				断面名称	超标倍数
氨氮	125	4.8	未检出～1.97	金清港台州市金清新闸	1.0
总磷	125	4.8	0.01～0.31	金清港台州市金清新闸	0.6
化学需氧量	125	3.2	未检出～25	龙江福州市福清海口桥	0.2
石油类	125	2.4	未检出～0.13	雁石溪龙岩市雁石桥	1.6
五日生化需氧量	125	2.4	未检出～5.2	龙江福州市福清海口桥	0.3
溶解氧	125	0.8	4.7～9.7	龙江福州市福清海口桥	—
高锰酸盐指数	125	0.8	1.0～6.8	龙江福州市福清海口桥	0.1

2.3.2.9 西北诸河

（1）水质状况

2016年，西北诸河总体水质为优。62个国考断面中，Ⅰ类占4.8%，Ⅱ类占75.8%，

Ⅲ类占 12.9%，Ⅳ类占 4.8%，Ⅴ类占 1.6%，无劣Ⅴ类。与上年相比，Ⅰ类下降 1.7 个百分点，Ⅱ类上升 1.6 个百分点，Ⅲ类上升 1.6 个百分点，Ⅴ类下降 1.6 个百分点，Ⅳ类和劣Ⅴ类均持平；总体水质无明显变化。

新疆境内河流水质为优。42 个国考断面中，Ⅰ类占 7.1%，Ⅱ类占 78.6%，Ⅲ类占 11.9%，Ⅴ类占 2.4%。与上年相比，Ⅰ类和Ⅴ类持平，Ⅱ类下降 2.4 个百分点，Ⅲ类上升 4.8 个百分点，Ⅳ类下降 2.4 个百分点；总体水质无明显变化。

甘肃境内河流水质为优。11 个国考断面中，Ⅱ类占 72.7%，Ⅲ类占 18.2%，Ⅳ类占 9.1%。与上年相比，Ⅰ类下降 9.1 个百分点，Ⅱ类和Ⅳ类持平，Ⅲ类上升 9.1 个百分点；总体水质无明显变化。

青海境内河流水质为优。6 个国考断面中，Ⅱ类占 83.3%，Ⅲ类占 16.7%。与上年相比，Ⅱ类上升 16.6 个百分点，Ⅲ类持平，Ⅳ类下降 16.7 百分点；总体水质有所好转。

内蒙古境内 3 个断面，Ⅱ类 1 个，Ⅳ类 2 个。

西北诸河省界水质为优。2 个国考断面均为Ⅱ类，与上年相比，甘—蒙省界王家庄断面水质有所好转，青—甘省界黄藏寺断面水质无明显变化。

（2）主要污染指标/超标指标

2016 年，西北诸河超标指标为氨氮、高锰酸盐指数、化学需氧量、石油类和总磷，断面超标率均为 1.6%。

表 2.3-9　2016 年西北诸河超标指标情况

指标	统计断面数/个	年均值断面超标率/%	年均值/（mg/L）	年均值超标最高断面及超标倍数	
				断面名称	超标倍数
氨氮	62	1.6	未检出～1.97	克孜河喀什地区十二医院	1.0
高锰酸盐指数	62	1.6	未检出～6.2	锡林河锡林浩特市锡林河	0.03
化学需氧量	62	1.6	未检出～21	石油河酒泉市西河坝桥	0.05
石油类	62	1.6	未检出～0.44	石油河酒泉市西河坝桥	7.8
总磷	62	1.6	未检出～0.21	克孜河喀什地区十二医院	0.05

2.3.2.10　西南诸河

（1）水质状况

2016 年，西南诸河总体水质为优。63 个国考断面中，Ⅰ类占 1.6%，Ⅱ类占 79.4%，Ⅲ类占 9.5%，Ⅳ类占 7.9%，劣Ⅴ类占 1.6%，无Ⅴ类。与上年相比，Ⅰ类上升 1.6 百分点，Ⅱ类上升 25.4 个百分点，Ⅲ类下降 17.5 个百分点，Ⅳ类下降 7.9 个百分点，Ⅴ类下降 1.6 个百分点，劣Ⅴ类持平；总体水质无明显变化。

西藏境内河流水质为优。17 个国考断面全部为Ⅱ类水质。与上年相比，Ⅱ类上升 70.6 个百分点，Ⅲ类下降 23.5 个百分点，Ⅳ类下降 47.1 个百分点；总体水质明显好转。

云南境内河流水质良好。46个国考断面中，Ⅰ类占2.2%，Ⅱ类占71.7%，Ⅲ类占13.0%，Ⅳ类占10.9%，劣Ⅴ类占2.2%。与上年相比，Ⅰ类上升2.2个百分点，Ⅱ类上升8.7个百分点，Ⅲ类下降15.3个百分点，Ⅳ类上升6.6个百分点，Ⅴ类下降2.2个百分点，劣Ⅴ类持平；总体水质无明显变化。

西南诸河省界水质为优。2个国考断面均为Ⅱ类，与上年相比，藏—滇省界芒康县曲孜卡断面水质明显好转，八宿县怒江桥水质有所好转。

（2）主要污染指标/超标指标

2016年，西南诸河超标排在前三位的指标为五日生化需氧量、氨氮和总磷，断面超标率分别为3.8%、3.2%和3.2%。

表2.3-10　2016年西南诸河超标指标情况

指标	统计断面数/个	年均值断面超标率/%	年均值/（mg/L）	年均值超标最高断面及超标倍数	
				断面名称	超标倍数
五日生化需氧量	53	3.8	0.6～7.2	西洱河大理州四级坝	0.8
氨氮	63	3.2	0.03～2.73	西洱河大理州四级坝	1.7
总磷	63	3.2	0.01～0.26	思茅河普洱市莲花乡	0.3
溶解氧	63	1.6	3.9～9.0	西洱河大理州四级坝	—
高锰酸盐指数	63	1.6	0.7～6.1	思茅河普洱市莲花乡	0.02
化学需氧量	63	1.6	未检出～23	西洱河大理州四级坝	0.2
石油类	63	1.6	未检出～0.11	思茅河普洱市莲花乡	1.2

2.3.2.11　南水北调

（1）南水北调（东线）

南水北调（东线）长江取水口夹江三江营断面为Ⅱ类水质。输水干线京杭运河里运河段、宝应运河段、宿迁运河段、鲁南运河段、韩庄运河段和梁济运河段水质良好。与上年相比，水质均无明显变化。

洪泽湖湖体为中度污染，主要污染指标为总磷和化学需氧量。与上年相比，水质有所下降。营养状态为轻度富营养。

骆马湖湖体水质良好，营养状态为中营养。汇入骆马湖的沂河水质良好。与上年相比，水质均无明显变化。

南四湖湖体水质良好，营养状态为中营养。汇入南四湖的11条河流中，洙赵新河为中度污染，其他河流水质均为良好。与上年相比，水质均无明显变化。

东平湖湖体水质良好，营养状态为中营养。汇入东平湖的大汶河水质良好。与上年相比，水质均无明显变化。

表 2.3-11　2016 年南水北调（东线）主要河流水质状况

类别		河流名称	断面名称	所在地区	水质类别		主要污染指标（超标倍数）
					2016 年	2015 年	
取水口		夹河	三江营	扬州市	II	II	—
输水干线（京杭运河）		里运河段	槐泗河口		III	III	—
		宝应运河段	大运河船闸（宝应船闸）		III	III	—
		宿迁运河段	马陵翻水站	宿迁市	III	III	—
		鲁南运河段	蔺家坝	徐州市	III	III	—
		韩庄运河段	台儿庄大桥	枣庄市	III	III	—
		梁济运河段	李集	济宁市	III	III	—
控制河流	汇入骆马湖	沂河	港上桥	徐州市	III	III	—
	汇入南四湖	沿河	李集桥		III	III	—
		城郭河	群乐桥	枣庄市	III	III	—
		洙赵新河	于楼	菏泽市	V	V	五日生化需氧量（1.2）、氨氮（0.7）、化学需氧量（0.4）
		老运河	西石佛	济宁市	III	III	—
		光府河	东石佛		III	III	—
		泗河	尹沟		III	III	—
		白马河	马楼		III	III	—
		老运河	老运河微山段		III	III	—
		西支河	入湖口		III	III	—
		东渔河	西姚		III	III	—
		洙水河	105 公路桥		III	III	—
	汇入东平湖	大汶河	王台大桥	泰安市	III	III	—

表 2.3-12　2016 年南水北调（东线）主要湖泊水质状况

湖泊名称	所属省份	监测点位数/个	营养状态指数	营养状态	水质类别		主要污染指标（超标倍数）
					2016 年	2015 年	
洪泽湖	江苏	6	55.4	轻度富营养	V	IV	总磷（1.1）、化学需氧量（0.09）
骆马湖		2	48.6	中营养	III	III	—
南四湖	山东	5	49.9	中营养	III	III	—
东平湖		2	49.6	中营养	III	III	—

2016 年，南水北调（东线）监测的河流断面中，洙赵新河于楼断面五日生化需氧量、氨氮和化学需氧量分别超标 1.2 倍、0.7 倍和 0.4 倍，其他断面监测指标年均质量浓度均未超标。

（2）南水北调（中线）

2016 年，丹江口水库水质为优，5 个点位均为Ⅱ类水质，总氮单独评价为Ⅳ类水质。营养状态为中营养。南水北调（中线）取水口丹江口水库陶岔断面为Ⅱ类水质。与上年相比，水质均无明显变化。

汇入丹江口水库的 9 条河流中，官山河水质良好，其他河流水质均为优。与上年相比，官山河水质有所下降，其余河流水质均无明显变化。

表 2.3-13　2016 年南水北调（中线）源头丹江口水库水质状况

点位名称	所在地区	水质类别		主要污染指标（超标倍数）
		2016 年	2015 年	
坝上中	十堰市	Ⅱ	Ⅱ	—
五龙泉	南阳市	Ⅱ	Ⅱ	—
宋岗		Ⅱ	Ⅱ	—
何家湾	十堰市	Ⅱ	Ⅱ	—
江北大桥		Ⅱ	Ⅱ	—

表 2.3-14　2016 年南水北调（中线）主要河流水质状况

序号	河流名称	断面名称	所在地区	断面属性	水质类别		水质状况	主要污染指标（超标倍数）
					2016 年	2015 年		
1	汉江	烈金坝	汉中市		Ⅰ	Ⅰ	优	—
2		黄金峡		城市河段	Ⅱ	Ⅱ		—
3		小钢桥	安康市		Ⅱ	Ⅱ		—
4		老君关		城市河段	Ⅱ	Ⅱ		—
5		羊尾	十堰市	省界	Ⅱ	Ⅱ		—
6		陈家坡			Ⅱ	Ⅱ		—
7	淇河	淅川高湾	南阳市	入河口	Ⅱ	Ⅱ	优	—
8	金钱河	夹河	十堰市	入库口	Ⅱ	Ⅱ	优	—
9	天河	天河口			Ⅱ	Ⅱ	优	—
10	堵河	焦家院			Ⅱ	Ⅱ	优	—
11	官山河	孙家湾			Ⅲ	Ⅱ	良好	—
12	浪河	浪河口			Ⅱ	Ⅱ	优	—
13	丹江	构峪口	商洛市		Ⅱ	Ⅱ	优	—
14		丹凤下			Ⅱ	Ⅱ		—
15		淅川荆紫关	南阳市	省界	Ⅱ	Ⅱ		—
16		淅川史家湾		入库口	Ⅱ	Ⅱ		—
17	老灌河	淅川张营			Ⅱ	Ⅱ	优	—
18	引渠	陶岔	南阳市	取水口	Ⅱ	Ⅱ	优	—

2.3.2.12 三峡库区

（1）营养状态

在受到长江干流回水顶托作用影响的 38 条长江主要支流以及水文条件与其相似的坝前库湾水域布设 77 个营养监测断面。采用叶绿素 a、总磷、总氮、高锰酸盐指数和透明度 5 项指标计算水体综合营养状态指数，评价水体综合营养状态。结果显示：2016 年 1—12 月，三峡库区 38 条主要支流水体处于富营养状态断面的比例为 3.9%～46.8%，处于中营养状态的断面比例为 53.2%～93.5%，处于贫营养状态的断面比例为 0～6.5%。其中，回水区水体处于富营养状态的断面比例为 2.4%～47.6%，非回水区为 5.7%～45.7%。

与上年水华敏感期（3—10 月）相比，回水区总体富营养化程度略有下降。其中 4 月、7 月、9 月和 10 月富营养断面比例比上年同期分别下降 6.5 个、2.3 个、18.7 个和 13.3 个百分点，3 月和 5 月比上年同期分别上升 2.1 个和 13.3 个百分点，6 月和 8 月与上年同期持平。非回水区总体富营养化程度比上年略有上升。其中 3 月、4 月、9 月和 10 月富营养断面比例比上年同期分别下降 4.9 个、1.6 个、4.3 个和 9.7 个百分点，5—8 月比上年同期分别上升 4.2 个、13.3 个、10.0 个和 15.4 个百分点。

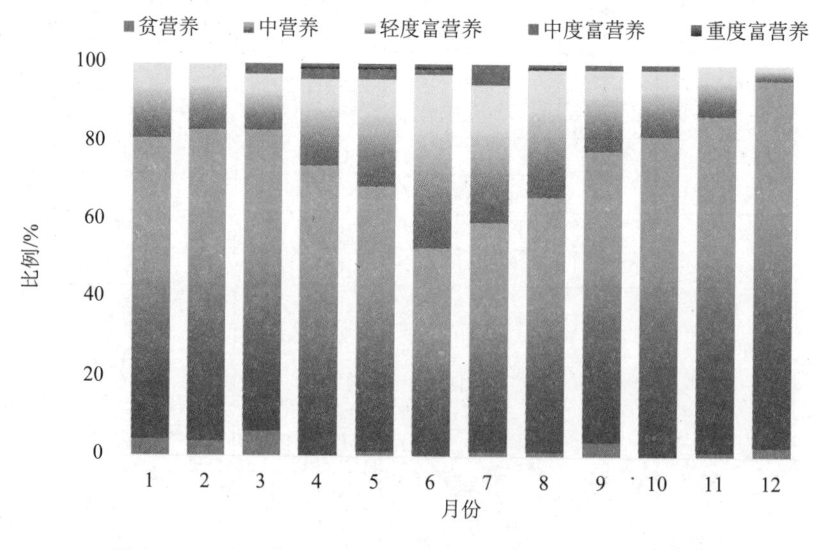

图 2.3-8 2016 年 1—12 月三峡库区长江主要支流水体营养状况

（2）水华状况

2016 年，三峡库区吒溪河、抱龙河、童庄河、神农溪、草堂河、梅溪河、磨刀溪、长滩河、汤溪河、东溪河、黄金河、澎溪河、珍溪河、苎溪河、壤渡河、池溪河和汝溪河存在水华现象。水华主要发生在春季和秋季，春季水华优势种主要为硅藻门的小环藻，隐藻门的隐藻；秋季水华的优势种主要为硅藻门的小环藻、针杆藻、直链藻和舟形藻，隐藻门的隐藻，甲藻门的多甲藻，蓝藻门的微囊藻、束丝藻、平裂藻和颤藻。

2.3.3　湖（库）

2.3.3.1　总体情况

2016 年，112 个重点湖（库）中，水质为优的湖（库）有 36 个，占 32.1%；水质良好的 38 个，占 33.9%；轻度污染的 23 个，占 20.5%；中度污染的 6 个，占 5.4%；重度污染的 9 个，占 8.0%。主要污染指标为总磷、化学需氧量和高锰酸盐指数。

表 2.3-15　2016 年重点湖（库）水质状况

分类	个数	优	良好	轻度污染	中度污染	重度污染
三湖/个	3	0	0	2	1	0
重要湖泊/个	57	9	21	13	5	9
重要水库/个	52	27	17	8	0	0
总计/个	112	36	38	23	6	9
比例/%		32.1	33.9	20.5	5.4	8.0

注：三湖指太湖、巢湖和滇池。

2016 年，108 个开展营养状态监测的湖（库）中，中度富营养状态的湖（库）有 5 个，占 4.6%；轻度富营养状态的 20 个，占 18.5%；中营养状态的 73 个，占 67.6%；贫营养状态的 10 个，占 9.3%。

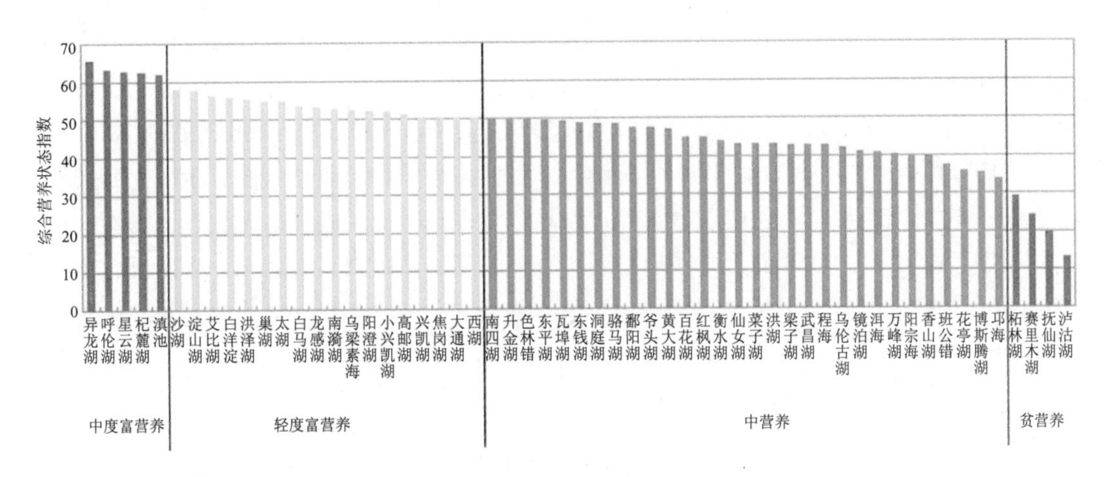

图 2.3-9　2016 年重要湖泊营养状态比较

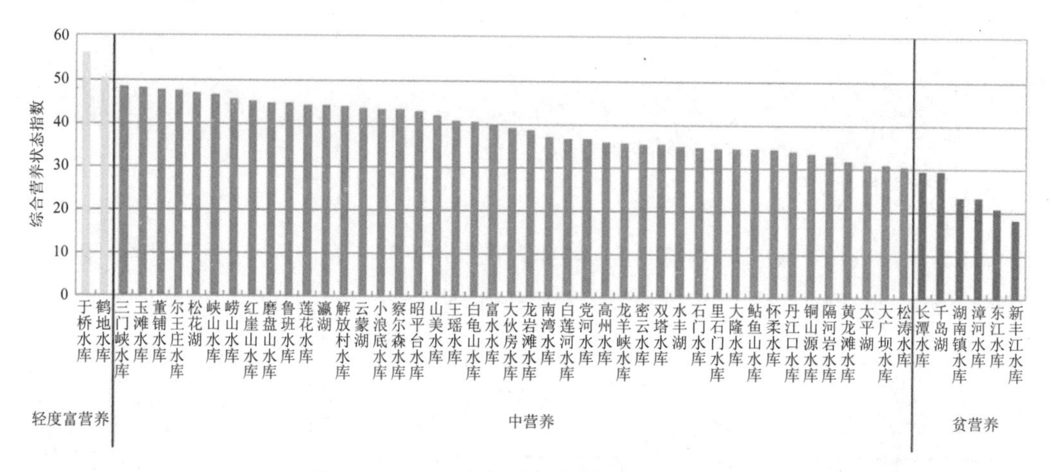

图 2.3-10 2016 年重要水库营养状态比较

2.3.3.2 重要湖泊

2016 年，除“三湖”外监测的其他 57 个重要湖泊中，异龙湖、呼伦湖、星云湖、沙湖、艾比湖、大通湖、程海、乌伦古湖和纳木错为重度污染，杞麓湖、淀山湖、白洋淀、洪泽湖和乌梁素海为中度污染，白马湖、龙感湖、阳澄湖、东钱湖、洞庭湖、鄱阳湖、黄大湖、百花湖、红枫湖、仙女湖、洪湖、博斯腾湖和高唐湖为轻度污染，南漪湖、小兴凯湖、高邮湖、兴凯湖、焦岗湖、西湖、南四湖、升金湖、色林错、东平湖、瓦埠湖、骆马湖、斧头湖、衡水湖、菜子湖、武昌湖、镜泊湖、洱海、万峰湖、阳宗海和羊卓雍错水质良好，梁子湖、香山湖、班公错、花亭湖、邛海、柘林湖、赛里木湖、抚仙湖和泸沽湖水质为优。

异龙湖、杞麓湖、淀山湖、艾比湖、白洋淀、南漪湖、衡水湖和万峰湖总氮为劣Ⅴ类，星云湖、沙湖、白马湖、乌梁素海、洞庭湖和百花湖为Ⅴ类，呼伦湖、洪泽湖、阳澄湖、大通湖、西湖、南四湖、鄱阳湖、红枫湖、仙女湖和高唐湖为Ⅳ类，其他湖泊满足Ⅲ类水质标准。

2016 年，除“三湖”外的 54 个湖泊的营养状态评价结果表明（图 2.3-9），异龙湖、呼伦湖、星云湖和杞麓湖为中度富营养，沙湖、淀山湖、艾比湖、白洋淀、洪泽湖、白马湖、龙感湖、南漪湖、乌梁素海、阳澄湖、小兴凯湖、高邮湖、大通湖、兴凯湖、焦岗湖和西湖为轻度富营养，柘林湖、赛里木湖、抚仙湖和泸沽湖为贫营养，其他湖泊为中营养。

（1）太湖

2016 年，太湖湖体为轻度污染，主要污染指标为总磷。与上年相比，水质无明显变化。其中，东部沿岸区水质良好，北部沿岸区、湖心区和西部沿岸区为轻度污染。

全湖总氮为Ⅴ类。其中，西部沿岸区为劣Ⅴ类，北部沿岸区和湖心区为Ⅴ类，东部沿岸区为Ⅳ类。

全湖为轻度富营养状态。其中，北部沿岸区、西部沿岸区、湖心区和东部沿岸区为轻度富营养。

表 2.3-16 2016 年太湖水质状况及营养状态

湖区	综合营养状态指数	营养状态	水质类别		主要污染指标（超标倍数）
			2016 年	2015 年	
北部沿岸区	55.4	轻度富营养	Ⅳ	Ⅳ	总磷（0.4）
西部沿岸区	58.0	轻度富营养	Ⅳ	Ⅴ	总磷（1.0）
湖心区	54.0	轻度富营养	Ⅳ	Ⅳ	总磷（0.2）
东部沿岸区	51.6	轻度富营养	Ⅲ	Ⅳ	—
全湖	54.9	轻度富营养	Ⅳ	Ⅳ	总磷（0.3）

2016 年，太湖主要环湖河流总体为轻度污染，主要污染指标为氨氮、总磷和化学需氧量。39 条环湖河流的 55 个国考断面中，无Ⅰ类水质断面，与上年持平；Ⅱ类水质断面占 21.8%，比上年上升 3.6 个百分点；Ⅲ类占 47.3%，比上年上升 9.1 个百分点；Ⅳ类占 25.5%，比上年下降 12.8 个百分点；Ⅴ类占 5.5%，比上年上升 3.6 个百分点；无劣Ⅴ类，比上年下降 3.6 个百分点。与上年相比，总体水质有所好转。

太湖蓝藻水华监测与评价结果显示：2016 年 4—10 月，共对太湖饮用水水源地和湖体监测 197 次。沙渚和金墅港水华程度为“轻微水华”～“轻度水华”，渔洋山为“无明显水华”～“轻微水华”。与上年同期相比，水华程度均略有加重。太湖湖体藻类密度范围为 509 万～3 074 万个/L，根据全湖藻类密度平均值判断，水华程度为“轻微水华”～“轻度水华”。与上年相比，“轻微水华”出现频次比例下降 15.2 个百分点，“轻度水华”出现频次比例上升 15.2 个百分点，水华程度有所加重。根据卫星遥感监测到的水华面积判断，太湖水华规模为“未见明显水华”～“局部性水华”，以“零星性水华”为主。与上年相比，水华规模无明显变化。最大规模蓝藻水华出现在 6 月 5 日，面积约 623 km^2，占太湖水域面积的 26.7%。

（2）巢湖

2016 年，巢湖湖体为轻度污染，主要污染指标为总磷。与上年相比，水质无明显变化。其中，西半湖为中度污染，东半湖为轻度污染。

全湖总氮为Ⅴ类。其中，西半湖为劣Ⅴ类水质，东半湖为Ⅳ类。

全湖为轻度富营养状态。其中，东半湖和西半湖为轻度富营养状态。

表 2.3-17 2016 年巢湖水质状况及营养状态

湖区	综合营养状态指数	营养状态	水质类别		主要污染指标（超标倍数）
			2016 年	2015 年	
东半湖	52.8	轻度富营养	Ⅳ	Ⅳ	总磷（0.6）
西半湖	57.7	轻度富营养	Ⅴ	Ⅴ	总磷（1.2）
全湖	54.9	轻度富营养	Ⅳ	Ⅳ	总磷（0.8）

2016年，巢湖主要环湖河流总体为轻度污染，主要污染指标为氨氮、总磷和五日生化需氧量。10条河流的14个国考断面中，无Ⅰ类、Ⅳ类和Ⅴ类水质断面，Ⅱ类占7.1%，Ⅲ类占64.3%，劣Ⅴ类占28.6%，均与上年持平。与上年相比，水质无明显变化。

巢湖蓝藻水华监测与评价结果显示：2016年4—10月，共对巢湖湖体监测29次。藻类密度范围为21万～1 327万个/L，根据全湖藻类密度平均值判断，水华程度为“无明显水华”～“轻度水华”，以“无明显水华”为主。与上年同期相比，“无明显水华”频次比例上升32.6个百分点，“轻微水华”“轻度水华”和“中度水华”频次比例分别下降23.6个、5.8个和3.2个百分点，水华程度有所减轻。根据卫星遥感监测到的水华面积判断，巢湖水华规模为“未见明显水华”～“区域性水华”，以“零星性水华”为主。与上年同期相比，水华规模无明显变化。最大规模蓝藻水华出现在6月26日，面积约237.6 km^2，占巢湖水域面积的31.2%。

（3）滇池

2016年，滇池湖体为中度污染，主要污染指标为总磷、化学需氧量和五日生化需氧量。与上年相比，水质有所好转。其中，草海和外海为中度污染。

全湖总氮为劣Ⅴ类。其中，草海为劣Ⅴ类，外海为Ⅴ类。

全湖为中度富营养状态。其中，草海和外海为中度富营养状态。

表2.3-18 2016年滇池水质状况及营养状态

湖区	综合营养状态指数	营养状态	水质类别		主要污染指标（超标倍数）
			2016年	2015年	
草海	63.8	中度富营养	Ⅴ	劣Ⅴ	总磷（1.8）、五日生化需氧量（0.6）、化学需氧量（0.1）
外海	61.2	中度富营养	Ⅴ	劣Ⅴ	化学需氧量（0.9）、总磷（0.8）
全湖	61.9	中度富营养	Ⅴ	劣Ⅴ	总磷（1.0）、化学需氧量（0.7）、五日生化需氧量（0.1）

2016年，滇池主要环湖河流总体为轻度污染，主要污染指标为化学需氧量、五日生化需氧量和总磷。12条河流的12个国考断面中，无Ⅰ类水质断面，Ⅱ类占8.3%，与上年持平；Ⅲ类占16.7%，与上年持平；Ⅳ类占58.3%，比上年下降8.4个百分点；Ⅴ类占0.0%，比上年下降8.3个百分点；劣Ⅴ类占16.7%，比上年上升16.7个百分点。与上年相比，水质有所下降。

滇池蓝藻水华监测与评价结果显示：2016年4—10月，共对滇池监测29次，藻类密度范围为3 774万～18 058万个/L。根据全湖藻类密度平均值判断，水华程度为“轻度水华”～“重度水华”，以“中度水华”为主。与上年同期相比，“轻度水华”下降12.4个百分点，“中度水华”和“重度水华”分别上升2.1个和10.3个百分点，水华程度有所加重。

2.3.3.3 重要水库

2016 年，监测的 52 个重要水库中，于桥水库、三门峡水库、松花湖、鲁班水库、莲花水库、察尔森水库、龙岩滩水库和水丰湖为轻度污染，鹤地水库、玉滩水库、董铺水库、尔王庄水库、峡山水库、红崖山水库、磨盘山水库、小浪底水库、昭平台水库、王瑶水库、富水水库、南湾水库、高州水库、龙羊峡水库、鲇鱼山水库、铜山源水库和鸭子荡水库水质良好，崂山水库、瀛湖、解放村水库、云蒙湖、山美水库、白龟山水库、大伙房水库、白莲河水库、党河水库、密云水库、双塔水库、石门水库、里石门水库、大隆水库、怀柔水库、丹江口水库、隔河岩水库、黄龙滩水库、太平湖、大广坝水库、松涛水库、长潭水库、千岛湖、湖南镇水库、漳河水库、东江水库和新丰江水库水质为优。

三门峡水库、崂山水库、云蒙湖、小浪底水库、山美水库和大伙房水库总氮为劣Ⅴ类，鹤地水库、松花湖、解放村水库、龙岩滩水库、水丰湖和隔河岩水库为Ⅴ类，于桥水库、玉滩水库、峡山水库、磨盘山水库、莲花水库、丹江口水库、太平湖和千岛湖为Ⅳ类，其他水库水质符合Ⅲ类水质标准。

2016 年，51 个水库的营养状态评价结果表明（图 2.3-10），于桥水库和鹤地水库为轻度富营养，长潭水库、千岛湖、湖南镇水库、漳河水库、东江水库和新丰江水库为贫营养，其他水库为中营养。

2.3.4 集中式饮用水水源

2016 年，全国 338 个地级及以上城市 897 个在用集中式生活饮用水水源监测断面（点位）中，地表水水源监测断面（点位）563 个（河流型 323 个，湖库型 240 个）、地下水水源监测断面（点位）334 个。取水总量为 363.42 亿 t，其中达标（达到或优于Ⅲ类标准）水量为 353.65 亿 t，占取水总量的 97.3%，比上年上升 0.2 个百分点。

897 个水源监测断面（点位）中，全年均达标的有 811 个，达标率为 90.4%，比上年上升 0.1 个百分点。其中，地表水水源监测断面（点位）中有 527 个达标，占 93.6%，36 个存在不同程度超标，主要污染指标为总磷、硫酸盐和锰；地下水水源监测断面（点位）中有 284 个达标，占 85.0%，50 个存在不同程度超标，主要污染指标为锰、铁和氨氮。

338 个城市中，283 个城市的水源达标率为 100%，占 83.7%；8 个城市水源达标率在 80%～99%之间，占 2.4%；23 个城市水源达标率在 50%～79%之间，占 6.8%；4 个城市水源达标率在 1%～49%之间，占 1.2%；20 个城市水源达标率为 0，占 5.9%。

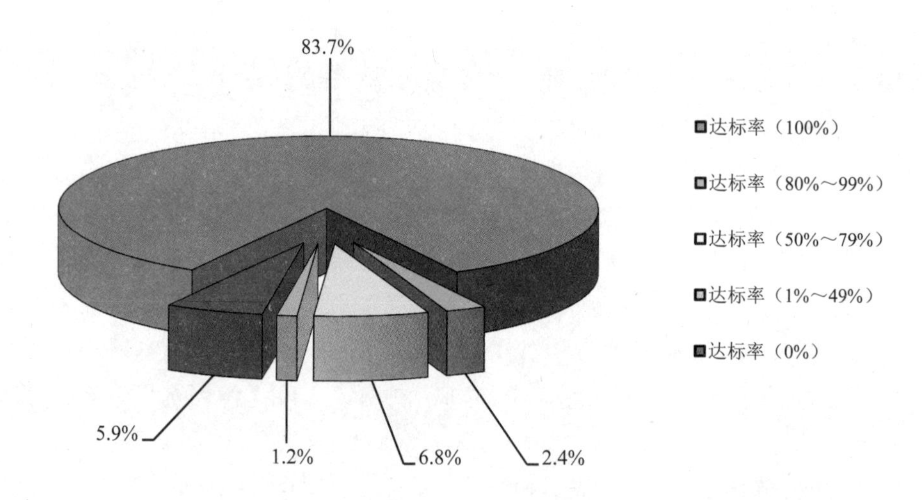

图 2.3-11　2016 年全国地级及以上城市集中式饮用水水源达标情况

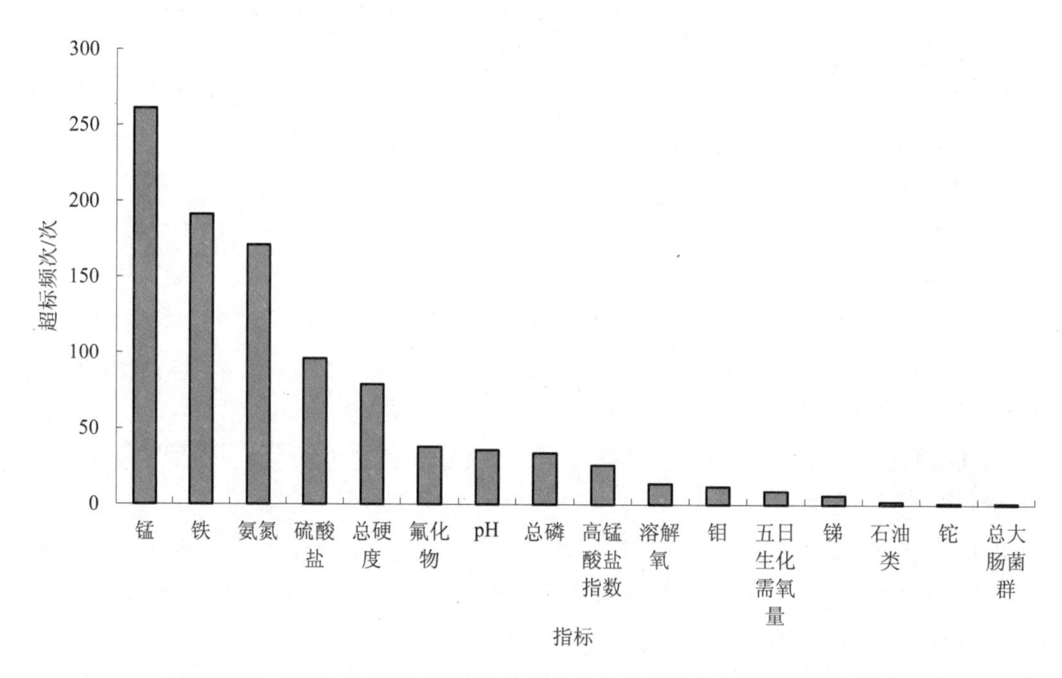

图 2.3-12　2016 年全国地级及以上城市集中式饮用水水源超标指标情况

2.3.5　生物试点监测

2015 年，松花江流域为轻度污染，主要污染指标为化学需氧量、高锰酸盐指数和氨氮。松花江干流水质为优，主要支流为轻度污染。与上年相比，水质无明显变化。进行生境评价的 62 个断面中，34 个断面得分不低于 45 分（满分 60 分），生境条件相对变化不大，比较适合水生生物生长。

全流域共采集着生藻类和浮游植物样品 216 个，主要由硅藻门和绿藻门植物组成。河流共鉴定出着生藻类 77 个属，隶属于 8 个门类。其中，硅藻门植物为大部分断面的优势种，种类数占总数的 41.6%；绿藻门占 33.8%；蓝藻门占 18.2%；裸藻门和黄藻门占 6.5%。湖库鉴定出浮游藻类 78 个属，隶属于 8 个门类。其中，优势种多为绿藻门植物，种类数占总数的 41.0%；硅藻门占 30.8%；蓝藻门占 12.8%；其余 5 门（裸藻门、隐藻门、甲藻门、黄藻门和金藻门）占 15.4%。流域内总体物种丰富度较高，群落结构较为稳定。评价结果显示，大部分断面（点位）处于“轻污染”～“中污染”，河流干流的评价结果总体好于支流，丰水期与平水期变化趋势基本一致。

全流域共采集底栖动物样品 283 个，鉴定出 179 个属（种）。其中，对环境敏感的水生昆虫 EPT 物种（襀翅目、蜉蝣目、毛翅目）74 个属（种）、占 41.3%，水生昆虫其他物种占 27.9%，软体动物占 15.1%，甲壳动物占 5.6%，环节动物占 8.9%，其他种类占 1.1%。水生昆虫为多数点位的优势类群，EPT 物种出现频率较高。综合评价显示：水生态状况良好或轻污染点位 73 个，占监测点位的 94.8%。其中，极清洁点位 6 个，占 7.8%，主要分布在背景断面和黑龙江；清洁点位 25 个，占 32.5%，主要分布在松花江黑龙江省中下游，少量分布在松花江吉林省段和嫩江流域；轻污染点位 42 个，占 54.5%，是松花江流域和兴凯湖的主要评价等级；中污染和重污染点位各 2 个，分别占 2.6%。

共采集鱼类个体 175 条，制备鱼类样品 50 个。每个样品进行 7 个大项、55 个小项的分析。结果显示，鱼体内重金属（砷、镉、汞、铬、铅）、有机氯农药、多环芳烃、挥发性有机物和多氯联苯均存在一定程度的检出，氯酚类物质和环境荷尔蒙未检出。现阶段，国内还没有完整的对于淡水水生生物中有毒物质浓度的评价标准，因此参考国内和国际相关标准及文献报道的量值进行评价，结果显示除砷和汞存在轻度污染情况外，其余物质在鱼体内的含量均达标。鱼类生殖系统组织切片实验显示组织样本结构形态未见异常，组织细胞核质结构正常，未见组织病变或形态异常。彗星实验显示监测样品的鱼肉细胞均未出现彗星细胞，表明鱼体未出现任何形式的 DNA 损伤。

与 2014 年试点监测结果相比，松花江水生生态继续保持持续恢复的态势。藻类植物的评价结果差异不大，但在群落组成上，河流中硅藻门植物和绿藻门植物种类数的比例有所上升，硅藻植物的优势地位更加显著，群落稳定性有一定程度的提高，大部分区域多样性程度较高，种类分布均匀，水体整体状况较为稳定。底栖动物群落结构变化不大，个别点位优势种有一定的变化；年际综合评价结果显示，2015 年轻污染点位有所减少，极清洁、清洁和中污染点位均有一定的增加，污染程度总体处于缓慢改善的状态。

2.4 近岸海域

2.4.1 水质状况

2.4.1.1 全国

2016 年，按照点位代表面积计算，一类海水面积为 107 563 km^2、二类为 130 894 km^2，三类为 21 592 km^2，四类为 8 023 km^2，劣四类为 35 531 km^2。

按照监测点位计算：一类海水比例为 32.4%，同比下降 1.2 个百分点；二类海水比例为 41.0%，同比上升 4.1 个百分点；三类海水比例为 10.3%，同比上升 2.7 个百分点；四类海水比例为 3.1%，同比下降 0.6 个百分点；劣四类海水比例为 13.2%，同比下降 5.1 个百分点。主要污染指标是无机氮和活性磷酸盐，部分海域 pH 值、石油类、阴离子表面活性剂、粪大肠菌群、化学需氧量、硫化物、滴滴涕、生化需氧量、铜、铅、非离子氨、锌和挥发性酚有超标现象。

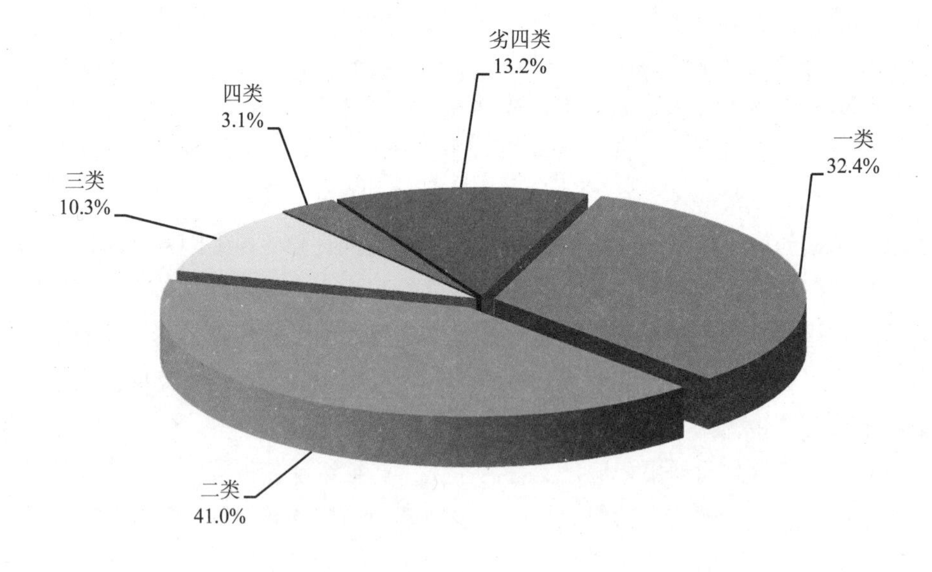

图 2.4-1 2016 年全国近岸海域水质类别比例

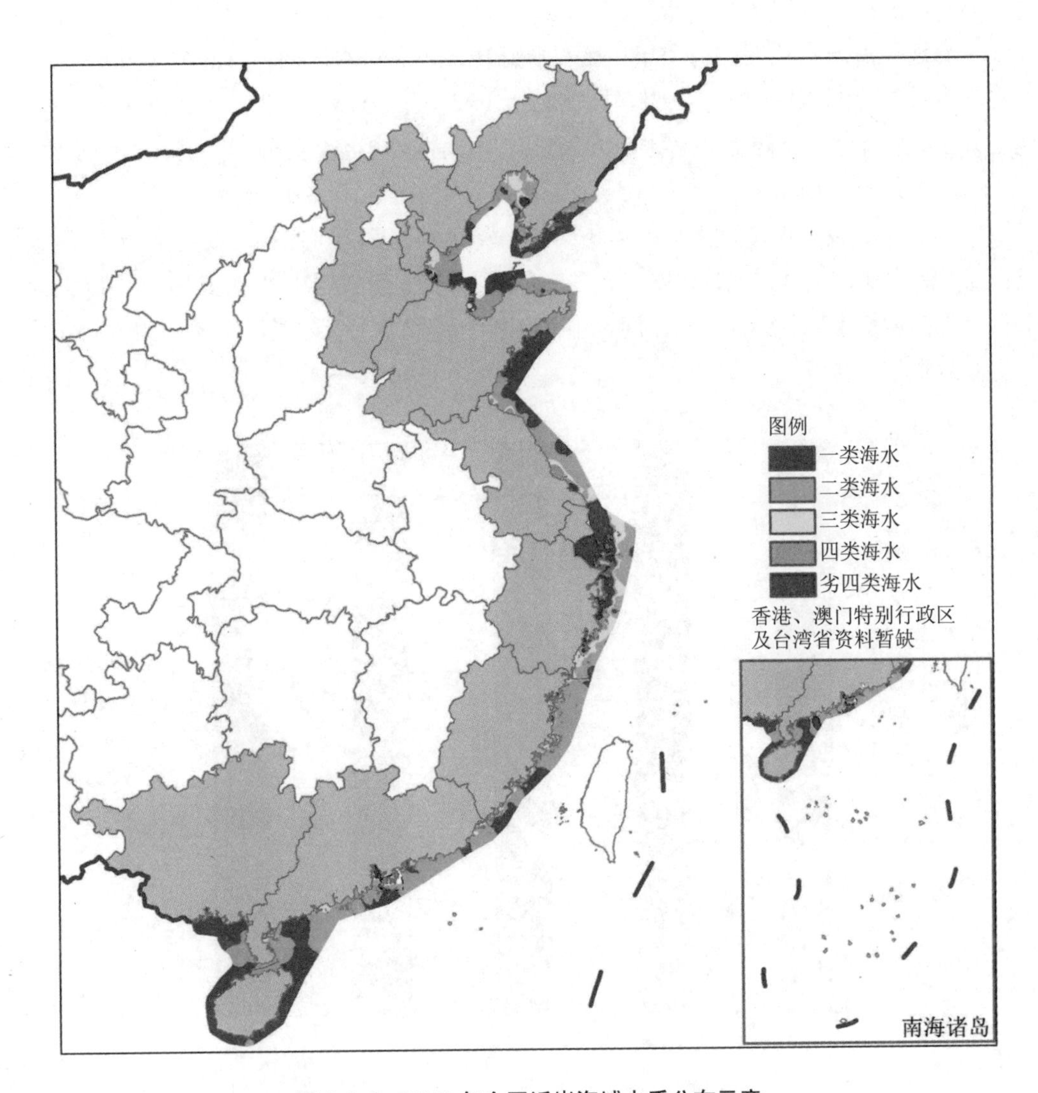

图 2.4-2 2016 年全国近岸海域水质分布示意

2.4.1.2 四大海区

渤海近岸海域水质一般，与上年相同。一类海水比例为 28.4%，同比上升 14.1 个百分点；二类海水比例为 44.4%，同比下降 12.7 个百分点；三类海水比例为 17.3%，同比上升 3.0 个百分点；四类海水比例为 4.9%，同比下降 3.3 个百分点；劣四类海水比例为 4.9%，同比下降 1.2 个百分点。主要污染指标为无机氮。

黄海近岸海域水质良好，与上年相同。一类海水比例为 38.5%，同比上升 1.5 个百分点；二类海水比例为 50.5%，同比下降 1.4 个百分点；三类海水比例为 4.4%，同比下降 1.2 个百分点；四类海水比例为 5.5%，同比上升 3.6 个百分点；劣四类海水比例为 1.1%，同比下降 2.6 个百分点。

东海近岸海域水质差，与上年相比水质好转。一类海水比例为 12.4%，同比下降 7.6 个百分点；二类海水比例为 31.9%，同比上升 15.1 个百分点；三类海水比例为 15.0%，同比上升 3.4 个百分点；四类海水比例为 3.5%，同比下降 1.8 个百分点；劣四类海水比例为 37.2%，同比下降 9.1 个百分点。主要污染指标为无机氮和活性磷酸盐。

南海近岸海域水质良好，与上年相同。一类海水比例为 47.7%，同比下降 5.7 个百分点；二类海水比例为 40.2%，同比上升 2.3 个百分点；三类海水比例为 6.1%，同比上升 4.2 个百分点；四类海水比例为 0%，同比下降 1.0 个百分点；劣四类海水比例为 6.1%，同比上升 0.3 个百分点。

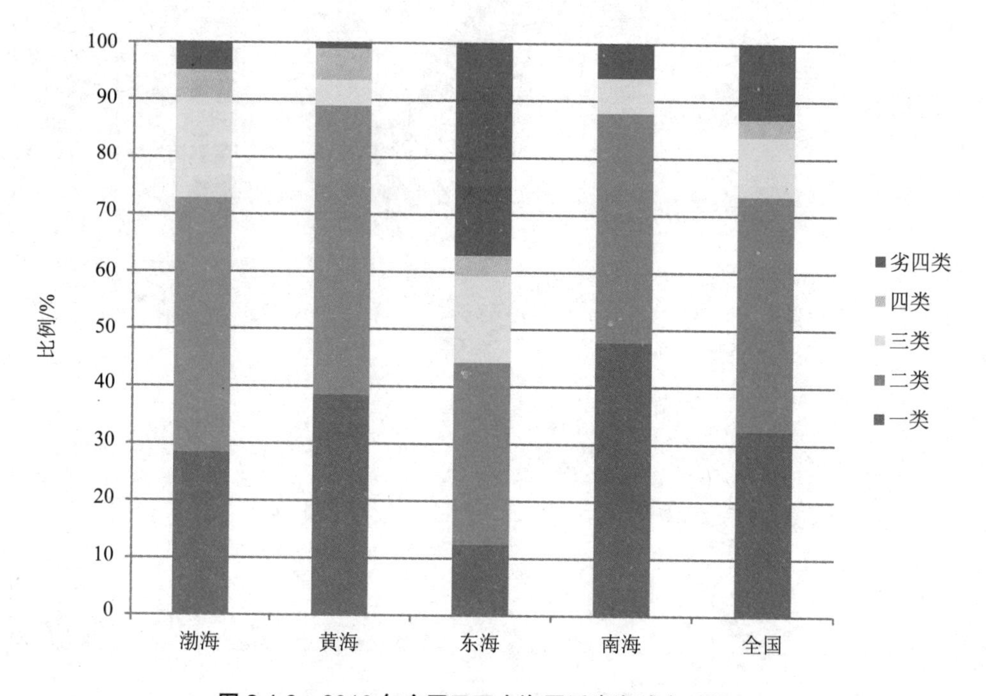

图 2.4-3　2016 年全国及四大海区近岸海域水质状况

2.4.1.3　重要河口海湾

9 个重要河口海湾中，北部湾水质优；辽东湾、胶州湾和黄河口水质一般；珠江口和渤海湾水质差；闽江口、长江口和杭州湾水质极差。与上年相比，闽江口水质恶化，水质下降 1 个等级；珠江口和辽东湾水质好转，水质上升 1 个等级；北部湾、渤海湾、胶州湾、黄河口、长江口和杭州湾水质基本稳定。

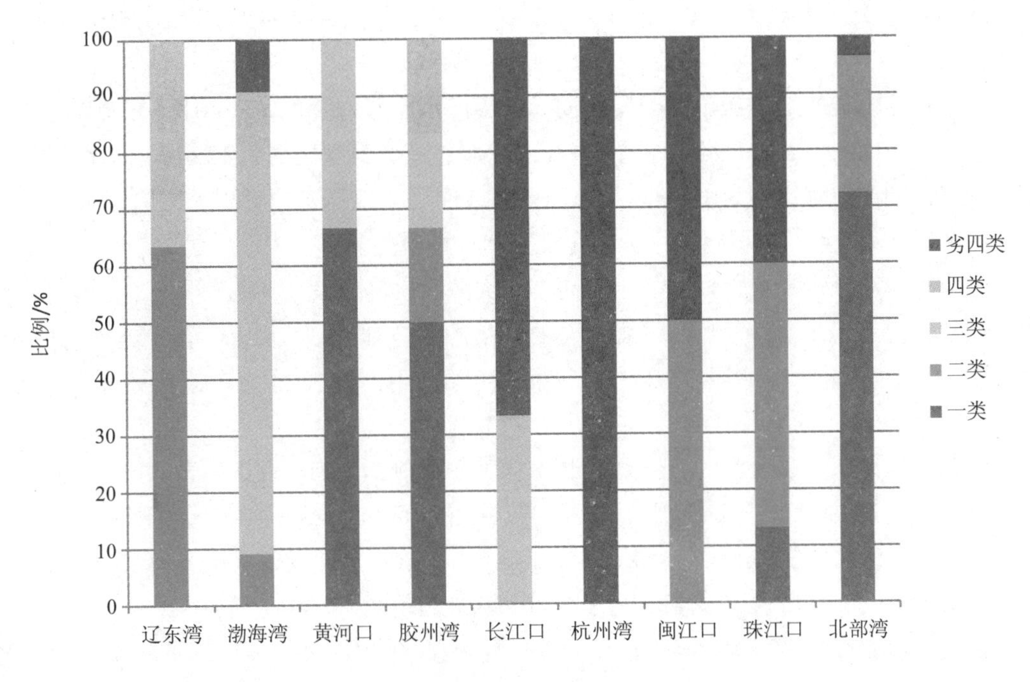

图 2.4-4 2016 年重要河口海湾水质状况

2.4.1.4 沿海省份

沿海省份中，广西和海南水质优，辽宁和山东水质良好，福建、广东、河北、江苏和天津水质一般，上海和浙江水质极差。

辽宁近岸海域水质良好，与上年相同。一类海水比例为 35%，同比上升 10 个百分点；二类海水比例为 48.3%，同比下降 8.8 个百分点；三类海水比例为 6.7%，同比下降 7.6 个百分点；四类海水比例为 6.7%，同比上升 3.1 个百分点；劣四类海水比例为 3.3%，同比上升 3.3 个百分点。主要污染指标为无机氮。

河北近岸海域水质一般，与上年相比水质变差。一类海水比例为 23.1%，同比上升 10.6 个百分点；二类海水比例为 53.8%，同比下降 21.2 个百分点；三类海水比例为 0，同比下降 12.5 个百分点；四类海水比例为 7.7%，同比上升 7.7 个百分点；劣四类海水比例为 15.4%，同比上升 15.4 个百分点。主要污染指标为无机氮、硫化物和生化需氧量。

天津近岸海域水质一般，与上年相比水质好转。一类海水比例为 0，同比持平；二类海水比例为 33.3%，同比上升 3.3 个百分点；三类海水比例为 66.7%，同比上升 56.7 个百分点；四类海水比例为 0，同比下降 30.0 个百分点；劣四类海水比例为 0，同比下降 30.0 个百分点。主要污染指标为无机氮和石油类。

山东近岸海域水质良好，与上年相同。一类海水比例为 46.2%，同比上升 7.2 个百分点；二类海水比例为 47.7%，同比下降 6.0 个百分点；三类海水比例为 4.6%，同比下降 2.7

个百分点；四类海水比例为 1.5%，同比上升 1.5 个百分点；劣四类海水比例为 0，同比持平。

江苏近岸海域水质一般，与上年相同。一类海水比例为 18.2%，同比下降 0.6 个百分点；二类海水比例为 50%，同比下降 6.3 个百分点；三类海水比例为 13.6%，同比上升 7.3 个百分点；四类海水比例为 13.6%，同比上升 7.3 个百分点；劣四类海水比例为 4.5%，同比下降 8.0 个百分点。主要污染指标为无机氮和活性磷酸盐。

上海近岸海域水质极差，与上年相同。一类海水比例为 0，同比持平；二类海水比例为 0，同比下降 20.0 个百分点；三类海水比例为 30.0%，同比上升 20.0 个百分点；四类海水比例为 0，同比持平；劣四类海水比例为 70.0%，同比持平。主要污染指标为无机氮和活性磷酸盐。

浙江近岸海域水质极差，与上年相同。一类海水比例为 8.9%，同比上升 6.9 个百分点；二类海水比例为 19.6%，同比上升 9.6 个百分点；三类海水比例为 12.5%，同比下降 1.5 个百分点；四类海水比例为 5.4%，同比上升 1.4 个百分点；劣四类海水比例为 53.6%，同比下降 16.4 个百分点。主要污染指标为无机氮和活性磷酸盐。

福建近岸海域水质一般，与上年相同。一类海水比例为 19.1%，同比下降 32.3 个百分点；二类海水比例为 53.2%，同比上升 27.5 个百分点；三类海水比例为 14.9%，同比上升 6.3 个百分点；四类海水比例为 2.1%，同比下降 6.5 个百分点；劣四类海水比例为 10.6%，同比上升 4.9 个百分点。主要污染指标为无机氮。

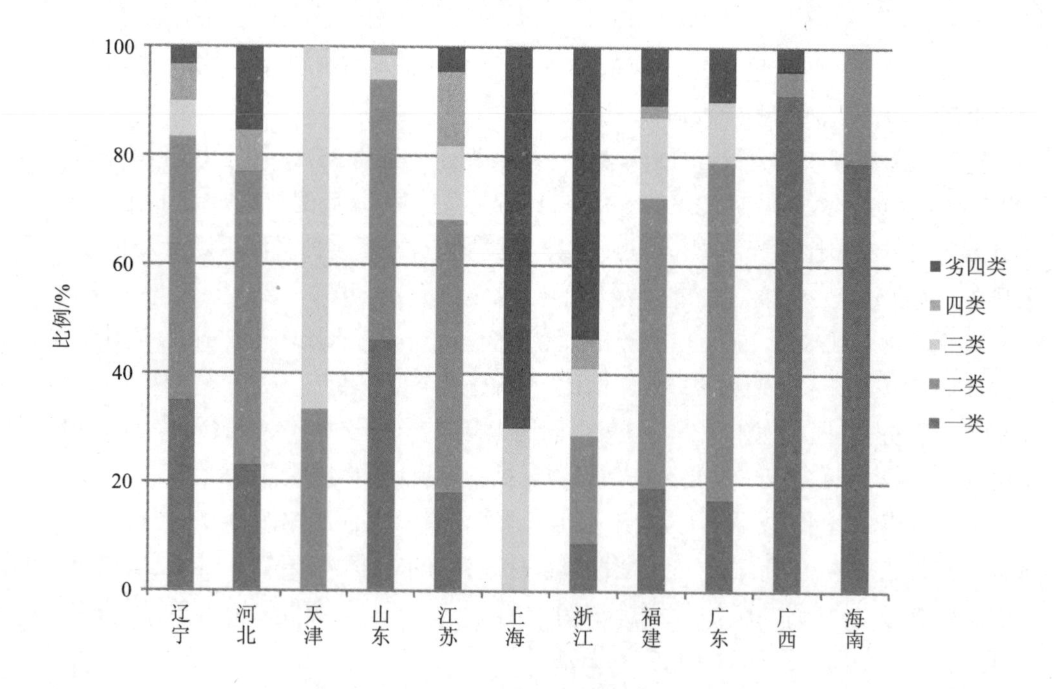

图 2.4-5 2016 年沿海省份近岸海域水质状况

广东近岸海域水质一般，与上年相比水质变差。一类海水比例为16.9%，同比下降8.1个百分点；二类海水比例为62.0%，同比上升2.4个百分点；三类海水比例为11.3%，同比上升7.5个百分点；四类海水比例为0，同比持平；劣四类海水比例为9.9%，同比下降1.6个百分点。主要污染指标为pH值和无机氮。

广西近岸海域水质优，与上年相同。一类海水比例为91.3%，同比上升9.5个百分点；二类海水比例为4.3%，同比下降9.3个百分点；三类海水比例为0，同比持平；四类海水比例为0，同比下降4.5个百分点；劣四类海水比例为4.3%，同比上升4.3个百分点。

海南近岸海域水质优，与上年相同。一类海水比例为78.9%，同比下降3.9个百分点；二类海水比例为21.1%，同比上升3.9个百分点；三类、四类和劣四类海水比例均为0%，同比均持平。

2.4.1.5 沿海城市

全国61个沿海城市中，茂名、惠州、揭阳、北海、防城港、三亚、临高、昌江、陵水、琼海、儋州、文昌、万宁、东方、三沙、洋浦和乐东17个城市近岸海域水质优；莆田、珠海、江门、湛江、汕尾、唐山、秦皇岛、海口、澄迈、盐城、大连、丹东、营口、葫芦岛、青岛、烟台、潍坊、威海、日照、滨州和中山21个城市近岸海域水质良好；福州、厦门、泉州、漳州、汕头、钦州、连云港、盘锦、东营、天津和潮州11个城市近岸海域水质一般；宁德、阳江、南通、锦州、温州和台州6个城市近岸海域水质差；深圳、沧州、上海、宁波、嘉兴和舟山6个城市近岸海域水质极差。

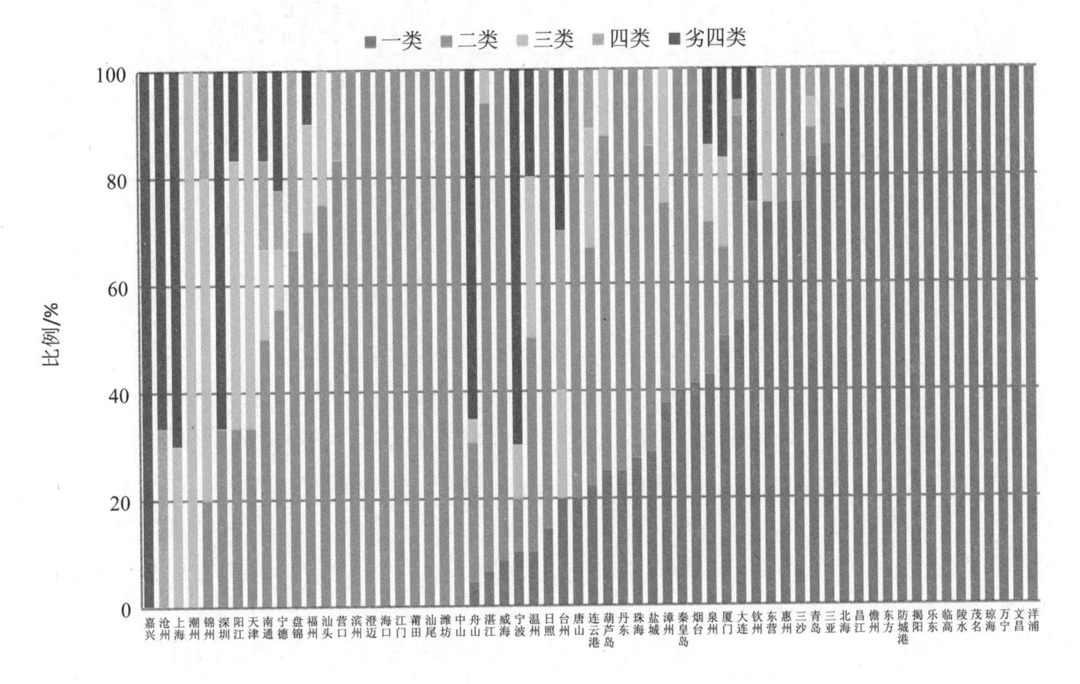

图2.4-6 2016年沿海城市近岸海域水质状况

2.4.1.6 海水浴场

2016年6月1日—9月30日，中国环境监测总站组织16个沿海城市对27个海水浴场开展了水质监测工作，共监测377个次，发布《部分沿海城市海水浴场水质周报》18期。其中，水质为“优”的个次占43.5%，同比下降9.3个百分点；“良”的个次占47.6%，同比上升13.4个百分点；“一般”的个次占7.2%，同比下降4.6个百分点；“差”的个次占1.6%，同比上升0.5个百分点。影响浴场水质的主要污染指标为粪大肠菌群。

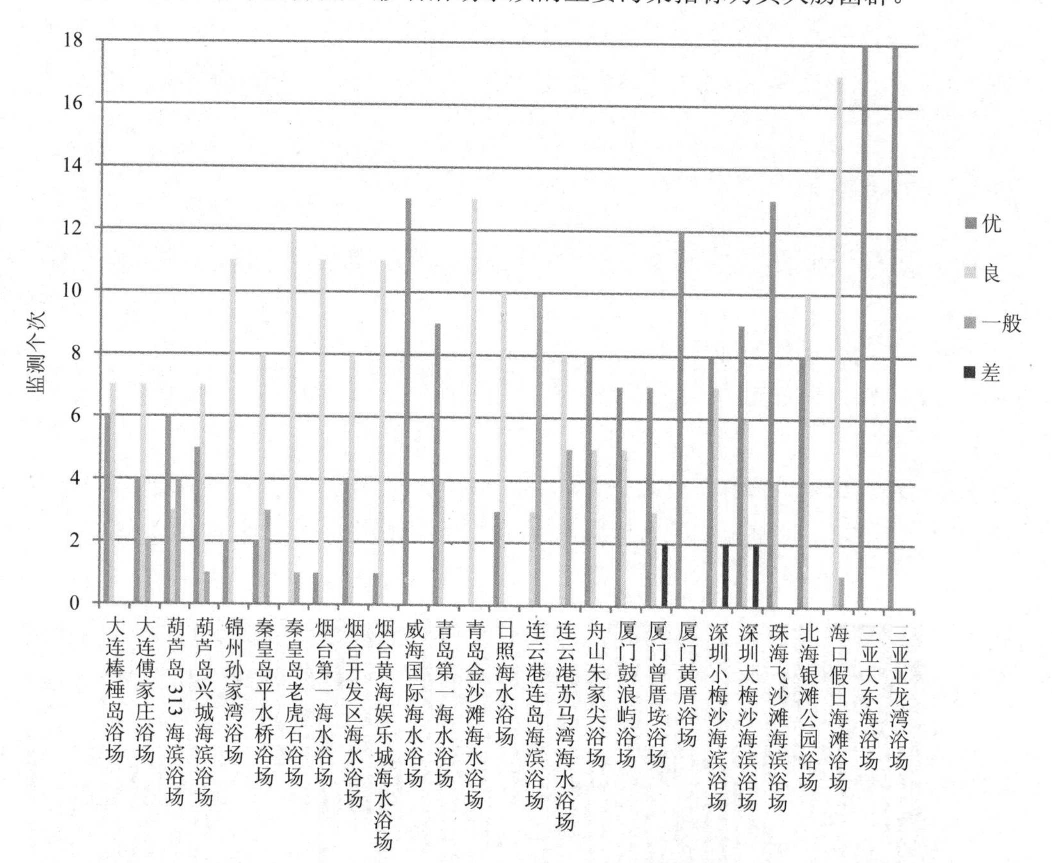

图2.4-7 2016年部分沿海城市海水浴场水质状况

27个海水浴场中，监测结果水质均为“优”的浴场有4个，为威海国际海水浴场、厦门黄厝浴场、三亚大东海和亚龙湾浴场；水质为“优”的比率占75%以上的浴场有5个，占浴场总数的18.5%，比上年下降22.2个百分点；水质出现“差”的浴场有厦门的曾厝垵浴场和深圳的大、小梅沙海滨浴场，差的个次比例为16.7%（曾厝垵）和11.8%（深圳的大、小梅沙海滨浴场）。

2.4.2　超标指标

2016 年，全国近岸海域主要超标指标为无机氮和活性磷酸盐，部分海域 pH 值、石油类、阴离子表面活性剂、粪大肠菌群、化学需氧量、硫化物、滴滴涕、生化需氧量、铜、铅、非离子氨、锌和挥发性酚有超标现象。

四大海区近岸海域中，东海主要超标指标是无机氮和活性磷酸盐，南海主要超标指标是 pH 值、无机氮和活性磷酸盐，渤海主要超标指标是无机氮，黄海主要超标指标是无机氮。

表 2.4-1　2016 年全国近岸海域水质超标指标

海区	主要污染指标（点位超标率）	其他超标指标（点位超标率）
全国	无机氮（23.3%）、活性磷酸盐（10.1%）	pH 值（2.6%）、石油类（2.2%）、阴离子表面活性剂（1.4%）、粪大肠菌群（1.0%）、化学需氧量（0.7%）、硫化物（0.7%）、滴滴涕（0.7%）、生化需氧量（0.6%）、铜（0.5%）、铅（0.5%）、非离子氨（0.2%）、锌（0.2%）、挥发性酚（0.2%）
东海	无机氮（55.8%）、活性磷酸盐（27.4%）	化学需氧量（2.7%）、粪大肠菌群（0.9%）
南海	pH 值（7.6%）、无机氮（6.8%）、活性磷酸盐（5.3%）	阴离子表面活性剂（4.6%）、石油类（4.5%）、粪大肠菌群（2.3%）、滴滴涕（0.8%）
渤海	无机氮（19.8%）	石油类（3.7%）、硫化物（3.7%）、铜（2.5%）、铅（2.5%）、生化需氧量（2.5%）、滴滴涕（2.5%）、pH 值（1.2%）、活性磷酸盐（1.2%）、非离子氨（1.2%）、锌（1.2%）、挥发性酚（1.2%）
黄海	无机氮（9.9%）	活性磷酸盐（3.3%）

2.4.2.1　营养盐

（1）无机氮

无机氮在全国近岸海域点位超标率最高，为 23.3%，同比下降 5.9 个百分点。按样品统计，测值质量浓度范围为 0.003～3.678 mg/L，平均质量浓度 0.267 mg/L；最高值出现在大连近岸海域，超过海水水质标准二类限值 11.3 倍。

四大海区中，东海无机氮点位超标率为 55.8%，样品平均质量浓度为 0.473 mg/L；南海点位超标率为 6.8%，样品平均质量浓度为 0.176 6 mg/L；渤海点位超标率为 19.8%，样品平均质量浓度为 0.232 2 mg/L；黄海点位超标率为 9.9%，样品平均质量浓度为 0.174 8 mg/L。

沿海各省份中，上海、浙江和天津近岸海域无机氮点位超标率在40%以上，江苏、福建、河北、辽宁和广东在10%～40%范围内，广西、山东和海南在10%以下。

沿海各城市中，沧州、嘉兴、上海、宁波、台州、舟山、深圳、锦州、天津、南通、温州和宁德近岸海域无机氮点位超标率在40%以上，连云港、盘锦、厦门、福州、泉州、钦州、汕头、漳州和盐城在10%～40%范围内，其他沿海城市在10%以下。

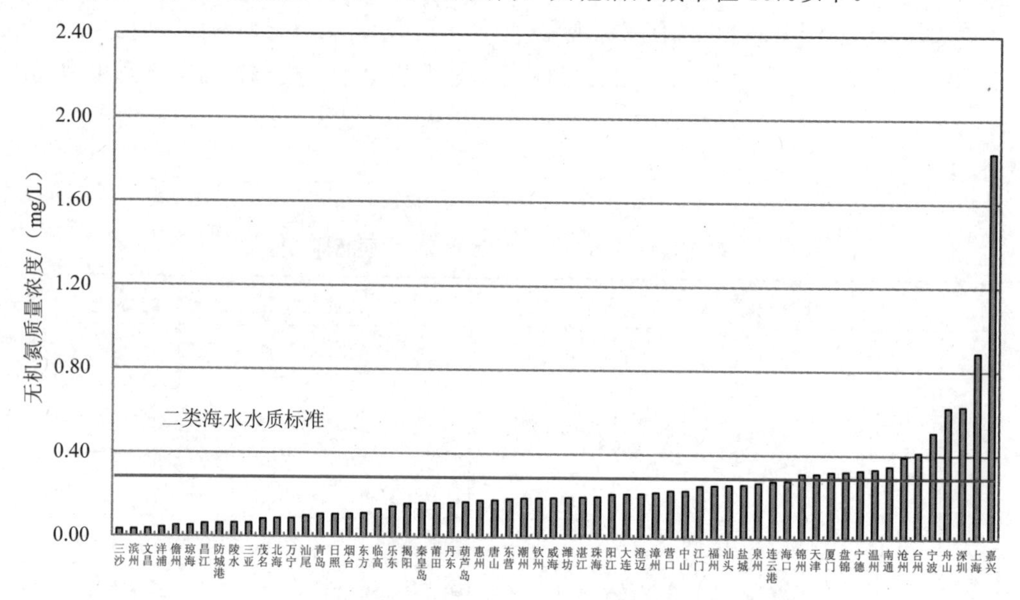

图 2.4-8　2016 年全国沿海城市近岸海域海水无机氮质量浓度

（2）活性磷酸盐

活性磷酸盐在全国近岸海域点位超标率较高，为10.1%，同比下降4.5个百分点。按样品统计，测值质量浓度范围为未检出～0.201 mg/L，平均质量浓度0.014 4 mg/L；最高值出现在深圳近岸海域，超过海水水质标准二类限值5.7倍。

四大海区中，东海活性磷酸盐点位超标率为27.4%，样品平均质量浓度为0.022 5 mg/L；南海点位超标率为5.3%，样品平均质量浓度为0.012 3 mg/L；渤海点位超标率为1.2%，样品平均质量浓度为 0.012 1 mg/L；黄海点位超标率为 3.3%，样品平均质量浓度为0.009 6 mg/L。

沿海各省份中，上海近岸海域活性磷酸盐点位超标率在40%以上，浙江在10%～40%范围内，江苏、广东、福建、广西、辽宁、山东、海南、河北和天津在10%以下。

沿海各城市中，嘉兴、深圳、上海、宁波和舟山近岸海域活性磷酸盐点位超标率在40%以上，南通、台州、钦州、厦门、营口、泉州、宁德和温州在10%～40%范围内，其他沿海城市在10%以下。

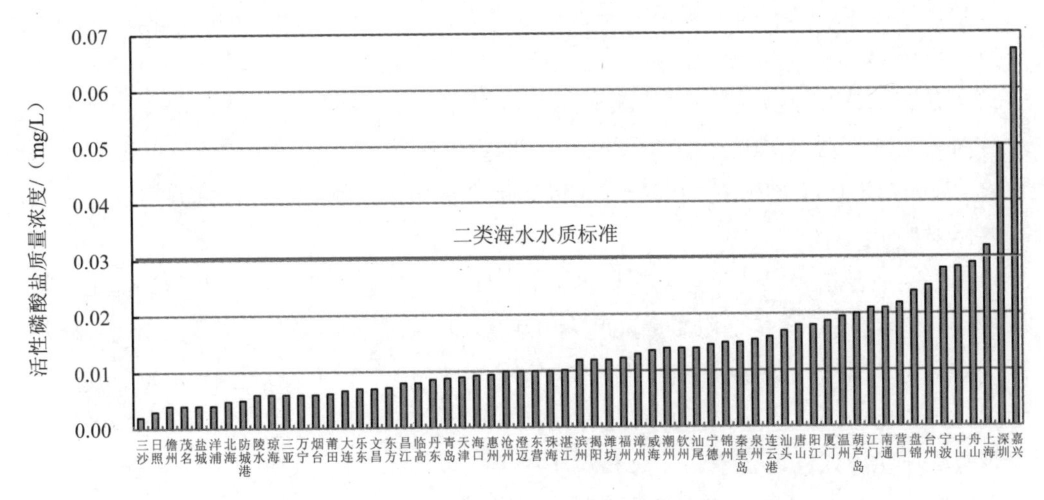

图 2.4-9　2016 年全国沿海城市近岸海域海水活性磷酸盐浓度

2.4.2.2　有机污染

（1）化学需氧量

化学需氧量在全国近岸海域点位超标率为 0.7%，同比下降 0.3 个百分点。按样品统计，测值质量浓度范围为未检出～8.14 mg/L，平均质量浓度 1.14 mg/L；最高值出现在舟山近岸海域，超过海水水质标准二类限值 1.7 倍。

四大海区中，东海化学需氧量点位超标率为 2.7%，样品平均质量浓度为 0.849 mg/L；南海点位超标率为 0，样品平均质量浓度为 1.113 mg/L；渤海点位超标率为 0，样品平均质量浓度为 1.42 mg/L；黄海点位超标率为 0，样品平均质量浓度为 1.27 mg/L。

沿海各省份中，上海化学需氧量点位超标率在 10%～40%范围内，浙江、福建、广东、广西、海南、河北、江苏、辽宁、山东和天津在 10%以下。

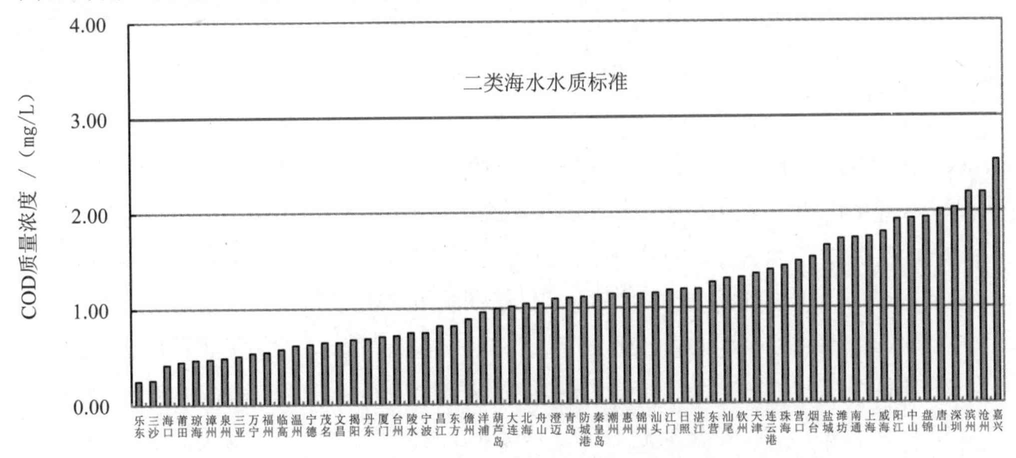

图 3.4-10　2016 年全国沿海城市近岸海域海水化学需氧量质量浓度

沿海各城市中，嘉兴和上海化学需氧量点位超标率在 10%～40%范围内，其他沿海城市在 10%以下。

（2）石油类

石油类在全国近岸海域点位超标率为 2.2%。按样品统计，测值质量浓度范围为未检出～0.127 mg/L，平均质量浓度 0.013 1 mg/L；最高值出现在潮州近岸海域，超过海水水质标准二类限值 1.5 倍。

四大海区中，东海石油类点位超标率为 0，样品平均质量浓度为 0.007 13 mg/L；南海点位超标率为 4.5%，样品平均质量浓度为 0.019 mg/L；渤海点位超标率为 3.7%，样品平均质量浓度为 0.018 9 mg/L；黄海点位超标率为 0，样品平均质量浓度为 0.006 7 mg/L。

沿海各省份中，天津石油类点位超标率在 10%～40%范围内，广东、山东、福建、广西、海南、河北、江苏、辽宁、上海和浙江在 10%以下。

沿海各城市中，潮州和深圳近岸海域石油类点位超标率在 40%以上，天津和东营在 10%～40%范围内，其他沿海城市在 10%以下。

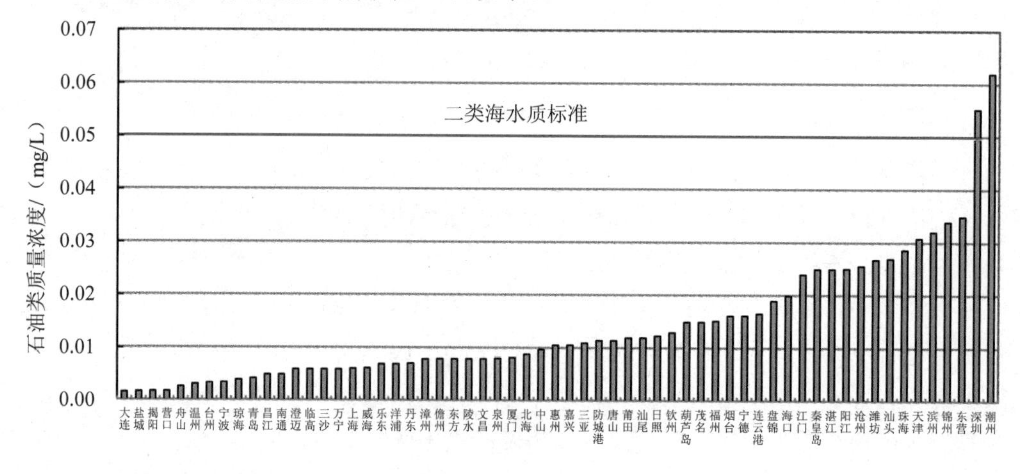

图 2.4-11　2016 年全国沿海城市近岸海域海水石油类平均质量浓度

2.4.2.3　其他指标

pH 值全国近岸海域点位超标率为 2.6%。按样品统计，测值范围为 7.06～8.92，平均为 8.09。东营、钦州、深圳、阳江和湛江点位超标率在 6.3%～55.6%之间。

阴离子表面活性剂全国近岸海域点位超标率为 1.4%。按样品统计，测值范围为未检出～0.458 mg/L，平均质量浓度 0.015 mg/L。仅深圳近岸海域超标，点位超标率为 66.7%。

粪大肠菌群全国近岸海域点位超标率为 1.0%。按样品统计，测值范围为未检出～17 000 个/L，平均质量浓度 161.969 个/L。仅福州和深圳近岸海域超标，点位超标率为 10.0%和 33.3%。

硫化物全国近岸海域点位超标率为 0.7%。按样品统计，测值范围为未检出～0.089 mg/L，平均质量浓度 0.003 mg/L。仅沧州近岸海域超标，点位超标率为 100%。

滴滴涕全国近岸海域点位超标率为 0.7%。按样品统计，测值范围为未检出～0.000 52 mg/L，平均质量浓度 0.000 009 mg/L。仅沧州和阳江近岸海域超标，点位超标率为 66.7%和 16.7%。

生化需氧量全国近岸海域点位超标率为 0.6%。按样品统计，测值范围为未检出～3.81 mg/L，平均质量浓度 0.86 mg/L。仅沧州近岸海域超标，点位超标率为 66.7%。

铜全国近岸海域点位超标率为 0.5%。按样品统计，测值范围为未检出～0.025 9 mg/L，平均质量浓度 0.001 72 mg/L。仅葫芦岛和锦州近岸海域超标，点位超标率为 12.5%和 20.0%。

铅全国近岸海域点位超标率为 0.5%。按样品统计，测值范围为未检出～0.026 8 mg/L，平均质量浓度 0.000 640 mg/L。仅锦州近岸海域超标，点位超标率为 40.0%。

非离子氨全国近岸海域点位超标率为 0.2%。按样品统计，测值范围为未检出～0.127 0 mg/L，平均质量浓度 0.003 mg/L。仅大连近岸海域超标，点位超标率为 2.9%。

锌全国近岸海域点位超标率为 0.2%。按样品统计，测值范围为未检出～0.124 mg/L，平均质量浓度 0.007 88 mg/L。仅葫芦岛近岸海域超标，点位超标率为 12.5%。

挥发性酚全国近岸海域点位超标率为 0.2%。按样品统计，测值范围为未检出～0.013 mg/L，平均质量浓度 0.001 mg/L。仅锦州近岸海域超标，点位超标率为 20.0%。

2.4.3　直排海污染源

2.4.3.1　各类直排海污染源

2016 年，419 个直排海污染源污水排放总量约为 657 430 万 t、各项污染物排放总量约为：化学需氧量 198 555 t、石油类 788.2 t、氨氮 15 304 t、总氮 64 466 t、总磷 2 739 t、六价铬 2 919.46 kg、铅 4 664.6 kg、汞 218.41 kg、镉 460 kg。

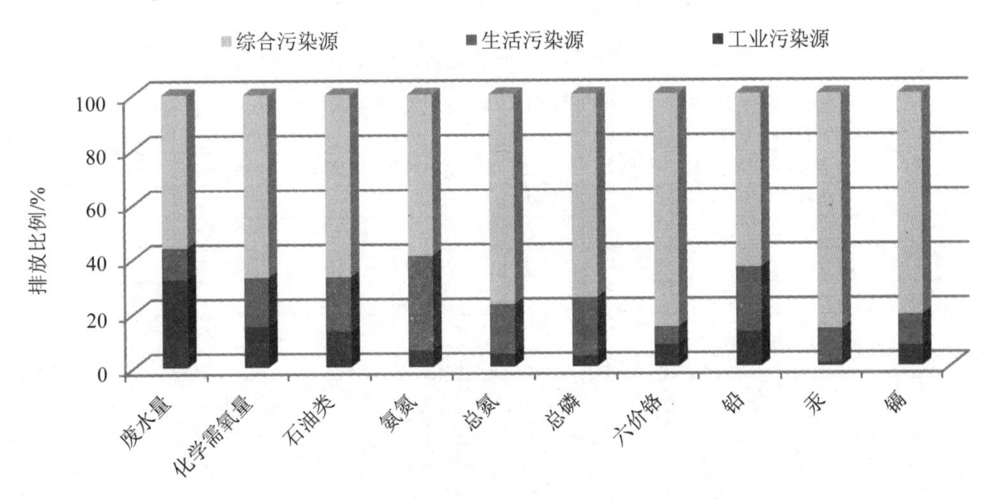

图 2.4-12　2016 年不同类型直排海污染源主要污染物排放情况

表 2.4-2　2016 年各类直排海污染源排放情况

污染源类别	排口数/个	废水量/万 t	化学需氧量/t	石油类/t	氨氮/t	总氮/t	总磷/t	六价铬/kg	铅/kg	汞/kg	镉/kg
工业	157	211 873	29 983	103.5	946	3 040	106	230.35	588.78	2.38	34.01
生活	62	75 726	35 302	156.6	5 274	11 714	586	191.46	1 098.47	27.4	51.91
综合	200	369 831	133 270	528.1	9 084	49 712	2 047	2 497.65	2 977.35	188.63	374.08
合计	419	657 430	198 555	788.2	15 304	64 466	2 739	2 919.46	4 664.6	218.41	460

2.4.3.2　污染物排入四大海区情况

根据 419 个直排海污染源监测结果计算，东海的污水、化学需氧量、石油类、总氮、总磷、六价铬、汞和镉排放量最大。

表 2.4-3　2016 年四大海区直排海污染源排放情况

海区	排口数/个	废水量/万 t	化学需氧量/t	石油类/t	氨氮/t	总氮/t	总磷/t	六价铬/kg	铅/kg	汞/kg	镉/kg
渤海	50	23 678	13 358	10.7	2 877	5 371	317	544.46	1 155.37	9.23	30.39
黄海	70	119 213	59 894	122.9	6 563	16 938	652	215.55	242.31	52.79	41.35
东海	172	409 019	100 914	435.3	4 121	33 444	1 003	2 121.23	753.52	123.9	344.02
南海	127	105 520	24 389	219.3	1 743	8 713	767	38.22	2 513.4	32.49	44.24
合计	419	657 430	198 555	788.2	15 304	64 466	2 739	2 919.46	4 664.6	218.41	460

2.4.3.3　各省直排海污染源排放情况

根据 419 个直排海污染源监测结果计算，福建的污水排放量最大，其次是浙江；浙江的化学需氧量排放量最大，其次是辽宁；辽宁的氨氮排放量最大，其次是浙江；浙江的总氮排放量最大，其次是辽宁。

表 2.4-4　2016 年沿海省份直排海污染源排放情况

省份	排口数/个	废水量/万 t	化学需氧量/t	石油类/t	氨氮/t	总氮/t	总磷/t	六价铬/kg	铅/kg	汞/kg	镉/kg
辽宁	34	54 806	34 221	89.4	6 406	11 620	425	534.63	562.2	31.47	—
河北	5	6 209	1 542	—	730	1 341	108	—	6.61	—	0.48
天津	18	8 935	8 512	3.9	682	1 128	173	—	23.84	5.66	29.91
山东	47	67 796	26 742	30.1	1 510	7 709	225	193.51	805.03	20.14	19.51
江苏	16	5 146	2 234	10.2	111	511	38	31.88	—	4.75	21.84
上海	10	25 921	5 726	48.5	404	2 503	155	—	406.65	36.59	108.95
浙江	100	186 329	70 304	316.5	2 924	25 562	612	2 079.85	170.08	61.36	210.72
福建	62	196 767	24 886	70.3	793	5 379	235	41.37	176.79	25.95	24.34
广东	62	67 030	12 232	92.1	874	4 551	333	0.24	1110.66	24.53	2.21
广西	41	10 730	4 326	23.9	349	1 416	343	37.98	555.11	7.93	42.04
海南	24	27 761	7 830	103.3	521	2 746	92	—	847.63	0.03	—
合计	419	657 430	198 555	788.2	15 304	64 466	2 739	2 919.46	4 664.6	218.41	460

2.4.4　入海河流

2.4.4.1　水质

2016 年，全国 192 个监测断面中，无Ⅰ类水质断面；Ⅱ类水质断面 26 个，占 13.5%；Ⅲ类水质断面 64 个，占 33.3%；Ⅳ类水质断面 49 个，占 25.5%；Ⅴ类水质断面 20 个，占 10.4%；劣Ⅴ类水质断面 33 个，占 17.2%。主要超标指标为化学需氧量、五日生化需氧量和高锰酸盐指数。

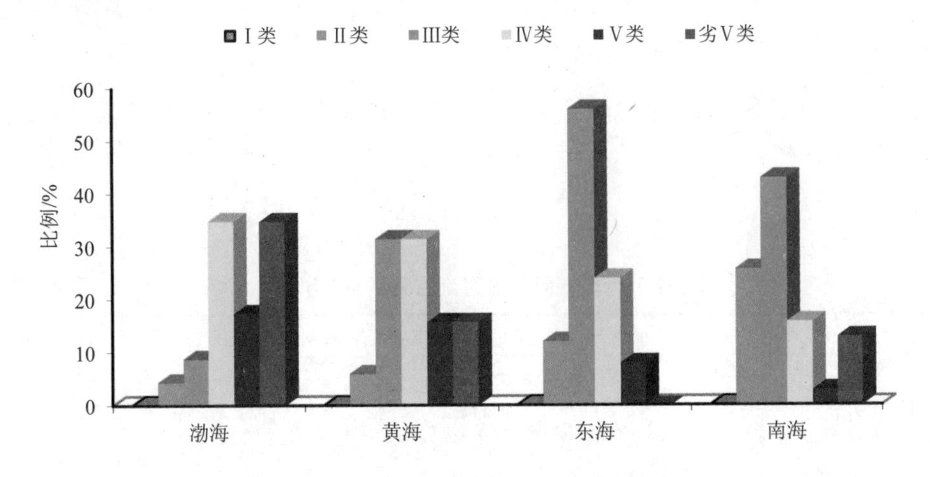

图 2.4-13　2016 年四大海区入海河流水质类别比例

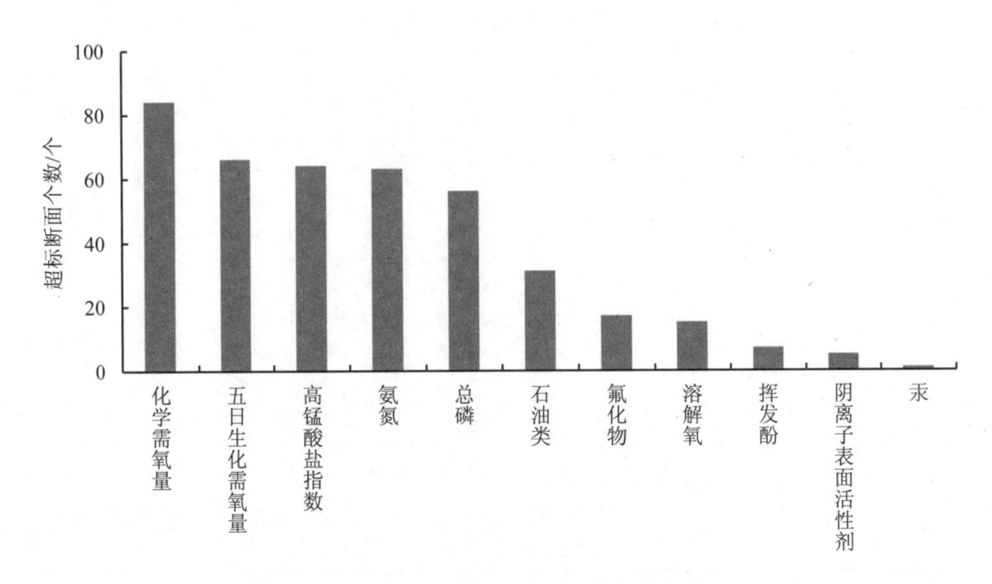

图 2.4-14　2016 年全国入海河流超标指标情况

表 2.4-5　2016 年入海河流监测断面水质类别

海区	Ⅰ类		Ⅱ类		Ⅲ类		Ⅳ类		Ⅴ类		劣Ⅴ类	
	断面数/个	比例/%	断面数/个	比例/%	断面数/个	比例/%	断面数/个	比例/%	断面数/个	比例/%	断面数/个	比例/%
渤海	0	0	2	4.3	4	8.7	16	34.8	8	17.4	16	34.8
黄海	0	0	3	5.9	16	31.4	16	31.4	8	15.7	8	15.7
东海	0	0	3	12.0	14	56.0	6	24.0	2	8.0	0	0.0
南海	0	0	18	25.7	30	42.9	11	15.7	2	2.9	9	12.9
全国	0	0	26	13.5	64	33.3	49	25.5	20	10.4	33	17.2

2.4.4.2　超标指标

2016 年，192 个入海河流断面主要污染指标是化学需氧量、五日生化需氧量、高锰酸盐指数和氨氮，部分断面总磷、石油类、氟化物、溶解氧、挥发酚、阴离子表面活性剂和汞超标。

表 2.4-6　2016 年入海河流监测断面水质超标指标

海区	超标率＞30%	30%≥超标率≥10%	超标率＜10%
全国	化学需氧量（43.8%）、五日生化需氧量（34.4%）、高锰酸盐指数（33.3%）、氨氮（32.8%）	总磷（29.2%）、石油类（16.1%）	氟化物（8.9%）、溶解氧（7.8%）、挥发酚（3.6%）、阴离子表面活性剂（2.6%）、汞（0.5%）
渤海	化学需氧量（73.9%）、高锰酸盐指数（54.3%）、五日生化需氧量（63.0%）、氨氮（47.8%）、石油类（32.6%）、总磷（32.6%）	氟化物（19.6%）	阴离子表面活性剂（8.7%）、挥发酚（8.7%）、溶解氧（6.5%）
黄海	化学需氧量（56.9%）、高锰酸盐指数（47.1%）、总磷（39.2%）、五日生化需氧量（39.2%）、氨氮（37.3%）	石油类（19.6%）、氟化物（15.7%）、溶解氧（15.1%）	挥发酚（5.9%）、汞（2.0%）
东海	—	化学需氧量（24.0%）、总磷（24.0%）、五日生化需氧量（24.0%）、氨氮（16.0%）、高锰酸盐指数（12.0%）、石油类（12.0%）	溶解氧（4.0%）
南海	—	氨氮（25.7%）、化学需氧量（21.4%）、总磷（21.4%）、高锰酸盐指数（17.1%）、五日生化需氧量（15.7%）、溶解氧（11.4%）	石油类（4.3%）、阴离子表面活性剂（1.4%）

全国入海河流中，化学需氧量断面超标率最高，为 43.8%；测值质量浓度为未检出～226 mg/L，平均质量浓度为 21.5 mg/L。

五日生化需氧量断面超标率为 34.4%；测值质量浓度为未检出～32.1 mg/L，平均质量浓度为 3.6 mg/L。

高锰酸盐指数断面超标率为 33.3%；测值质量浓度为 0.71～26.3 mg/L，平均质量浓度为 5.3 mg/L。

氨氮断面超标率为 32.8%；测值质量浓度为未检出～23.2 mg/L，平均质量浓度为 1.1 mg/L。

总磷断面超标率为 29.2%；测值质量浓度为未检出～3.93 mg/L，平均质量浓度为 0.21 mg/L。

石油类断面超标率为 16.1%；测值质量浓度为未检出～0.95 mg/L，平均质量浓度为 0.035 mg/L。

2.5　城市声环境质量

2.5.1　城市区域声环境

2.5.1.1　全国

2016 年，全国城市昼间区域声环境质量平均值为 54.0 dB（A）。昼间区域声环境质量达到一级的城市 16 个，占 5.0%；二级的城市 220 个，占 68.3%；三级的城市 84 个，占 26.1%；四级的城市 2 个，占 0.6%。

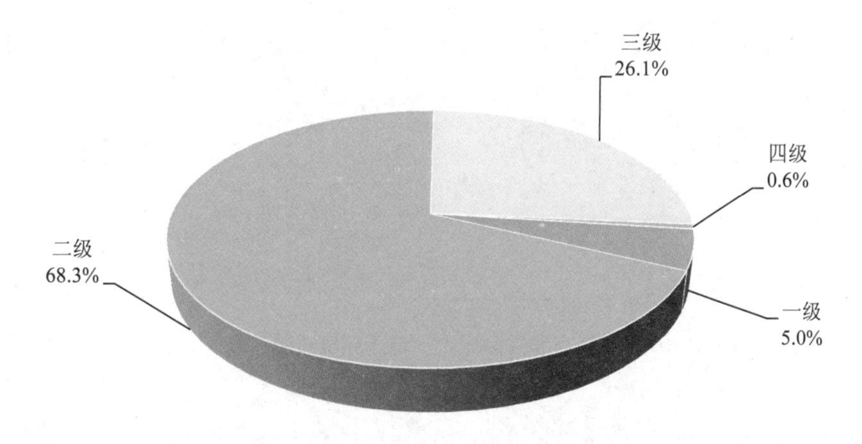

图 2.5-1　2016 年全国城市区域声环境质量（昼间）比例

与上年相比，报送区域声环境质量监测数据的城市总数增加 1 个。区域声环境质量为一级的城市比例上升 1.0 个百分点，二级的城市比例下降 0.2 个百分点，三级的城市比例下降 0.1 个百分点，四级的城市比例下降 0.3 个百分点，五级的城市比例下降 0.3 个百分点。

表 2.5-1　2016 年全国城市区域声环境质量（昼间）与上年比较

	监测城市总数/个	各评价等级城市比例/%				
		一级	二级	三级	四级	五级
2016 年	322	5.0	68.3	26.1	0.6	0
2015 年	321	4.0	68.5	26.2	0.9	0.3
年际变化	1	1.0	−0.2	−0.1	−0.3	−0.3

2.5.1.2　直辖市和省会城市

2016 年，31 个直辖市和省会城市昼间声环境质量平均值为 54.5 dB（A）。其中，区域声环境质量达到一级的城市 1 个，占 3.2%；二级的城市 20 个，占 64.5%；三级的城市 10 个，占 32.3%。直辖市和省会城市区域声环境质量总体处于二级和三级水平。

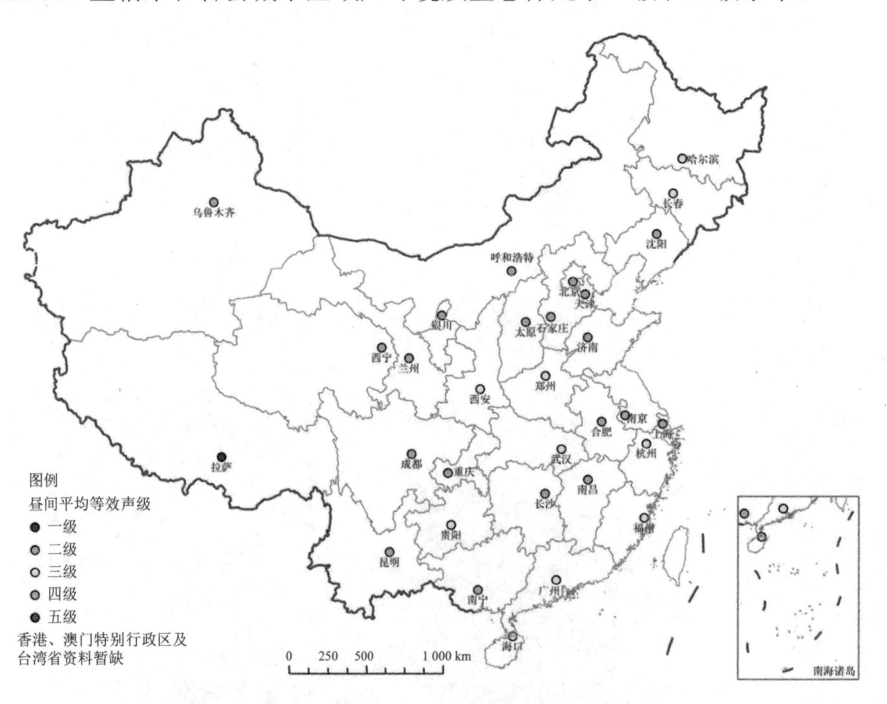

图 2.5-2　2016 年直辖市和省会城市区域声环境质量（昼间）等级分布示意

与上年相比，直辖市和省会城市区域声环境质量为一级、四级、五级的城市比例持平，二级的城市比例下降 6.5 个百分点，三级的城市比例上升 6.5 个百分点。

表 2.5-2　直辖市和省会城市区域声环境质量（昼间）年际比较

	监测城市总数/个	各评价等级城市比例/%				
		一级	二级	三级	四级	五级
2016 年	31	3.2	64.5	32.3	0	0
2015 年	31	3.2	71.0	25.8	0	0
年际变化	0	0	–6.5	6.5	0	0

2.5.2　城市道路交通声环境

2.5.2.1　全国

2016 年，全国城市昼间道路交通噪声平均值为 66.8 dB（A）。道路交通噪声强度评价为一级的城市 220 个，占 68.8%；二级的城市 84 个，占 26.2%；三级的城市 11 个，占 3.4%；四级的城市 5 个，占 1.6%。

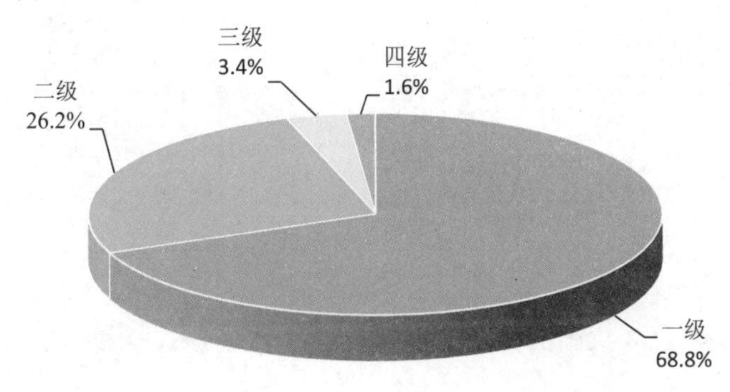

图 2.5-3　2016 年全国城市道路交通噪声强度（昼间）比例

与上年相比，报送道路交通噪声监测数据城市总数减少 4 个。道路交通噪声强度评价为一级的城市比例上升 3.4 个百分点，二级的城市比例下降 3.4 个百分点，三级的城市比例上升 0.6 个百分点，四级的城市比例下降 0.6 个百分点。

表 2.5-3　全国城市道路交通噪声强度分布年际比较

	监测城市总数/个	各评价等级城市比例/%				
		一级	二级	三级	四级	五级
2016 年	320	68.8	26.2	3.4	1.6	0
2015 年	324	65.4	29.6	2.8	2.2	0
年际变化	–4	3.4	–3.4	0.6	–0.6	0

2.5.2.2 直辖市和省会城市

2016 年，31 个直辖市和省会城市道路交通噪声昼间平均等效声级为 68.5 dB（A）。道路交通噪声强度评价为一级的城市 14 个，占 45.2%；二级的城市 14 个，占 45.2%；三级的城市 2 个，占 6.5%；四级的城市 1 个，占 3.2%。

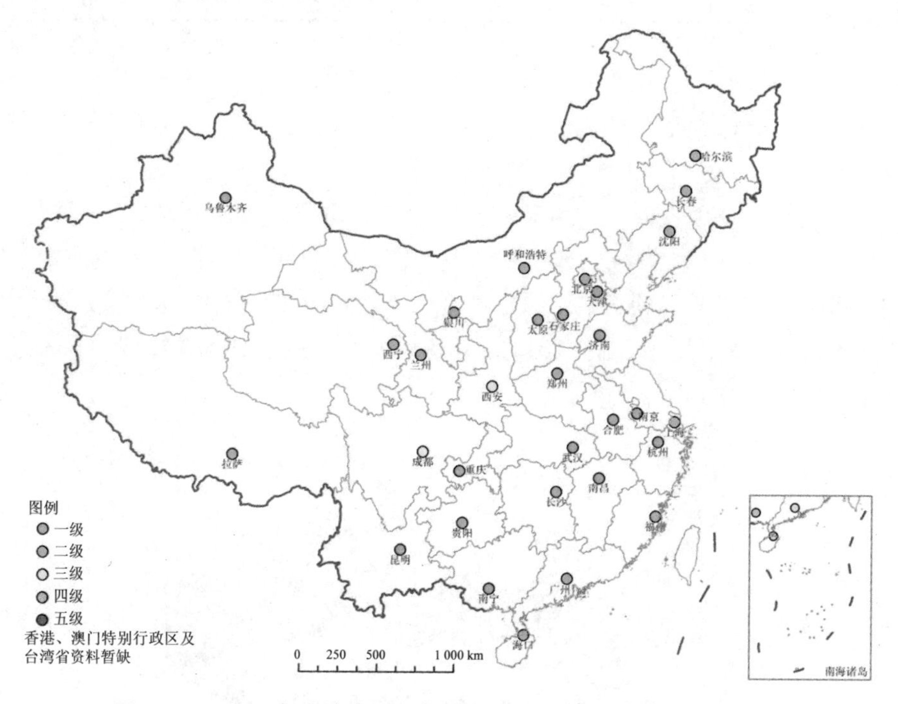

图 2.5-4 2016 年直辖市和省会城市道路交通噪声强度分布示意

与上年相比，直辖市和省会城市道路交通噪声强度为一级的城市比例上升 16.2 个百分点，二级的城市比例下降 22.5 个百分点，三级的城市比例上升 6.5 个百分点，四级的城市比例持平。

表 2.5-4 直辖市和省会城市道路交通噪声强度分布年际比较

	监测城市总数/个	各评价等级城市比例/%				
		一级	二级	三级	四级	五级
2016 年	31	45.2	45.2	6.5	3.2	0
2015 年	31	29.0	67.7	0	3.2	0
年际变化	0	16.2	–22.5	6.5	0	0

2.5.3 城市功能区声环境

2.5.3.1 全国

2016 年，全国城市功能区昼间共有 9 964 个监测点次达标，总点次达标率为 92.2%；夜间共有 7 999 个监测点次达标，总点次达标率为 74.0%。与上年相比，0 类区昼间监测点次达标率下降 2.1 个百分点，夜间下降 7.6 个百分点；1 类区昼间监测点次达标率上升 0.1 个百分点，夜间下降 1.9 个百分点；2 类区昼间监测点次达标率下降 0.5 个百分点，夜间上升 0.1 个百分点；3 类区昼间监测点次达标率下降 0.1 个百分点，夜间上升 0.2 个百分点；4a 类区昼间监测点次达标率下降 0.7 个百分点，夜间下降 0.2 个百分点；4b 类区昼间监测点次达标率上升 1.5 个百分点，夜间上升 8.0 个百分点。

表 2.5-5　全国城市功能区监测点位达标率年际比较　　单位：%

	0 类		1 类		2 类		3 类		4a 类		4b 类	
	昼	夜	昼	夜	昼	夜	昼	夜	昼	夜	昼	夜
2016 年	78.6	57.3	87.4	72.8	92.5	83.4	97.2	88.3	92.6	50.5	95.3	72.1
2015 年	80.7	64.9	87.3	74.7	93.0	83.3	97.3	88.1	93.3	50.7	93.8	64.1
增幅	−2.1	−7.6	0.1	−1.9	−0.5	0.1	−0.1	0.2	−0.7	−0.2	1.5	8.0

2.5.3.2 直辖市和省会城市

2016 年，31 个直辖市和省会城市功能区昼间共有 1 411 个监测点次达标，总点次达标率为 87.2%；夜间共有 966 个监测点次达标，总点次达标率为 59.7%。与上年相比，0 类区昼间监测点次达标率下降 3.8 个百分点，夜间下降 32.6 个百分点；1 类区昼间监测点次达标率下降 2.1 个百分点，夜间下降 8.7 个百分点；2 类区昼间监测点次达标率上升 1.2 个百分点，夜间上升 1.1 个百分点；3 类区昼间监测点次达标率上升 0.2 个百分点，夜间下降 0.6 个百分点；4a 类区昼间监测点次达标率下降 3.0 个百分点，夜间下降 3.1 个百分点；4b 类区昼间监测点次达标率与上年持平，夜间下降 6.7 个百分点。

表 2.5-6　直辖市和省会城市功能区监测点位达标率年际比较　　单位：%

	0 类		1 类		2 类		3 类		4a 类		4b 类	
	昼	夜	昼	夜	昼	夜	昼	夜	昼	夜	昼	夜
2016 年	54.5	9.1	83.9	59.5	90.2	76.3	97.0	79.7	77.8	18.3	100.0	60.0
2015 年	58.3	41.7	86.0	68.2	89.0	75.2	96.8	80.3	80.8	21.4	100.0	66.7
增幅	−3.8	−32.6	−2.1	−8.7	1.2	1.1	0.2	−0.6	−3.0	−3.1	0	−6.7

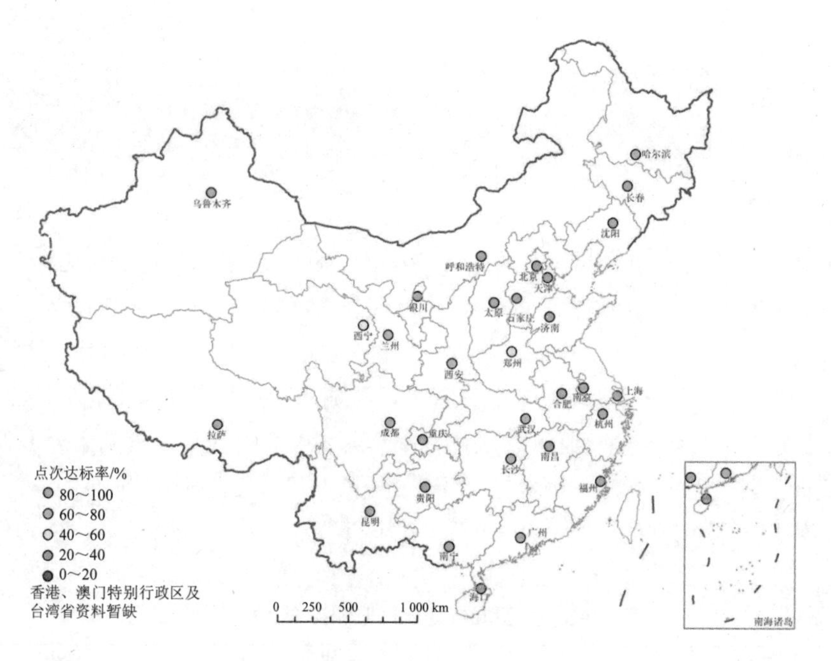

图 2.5-5　2016 年直辖市和省会城市功能区昼间总点次达标率分布示意

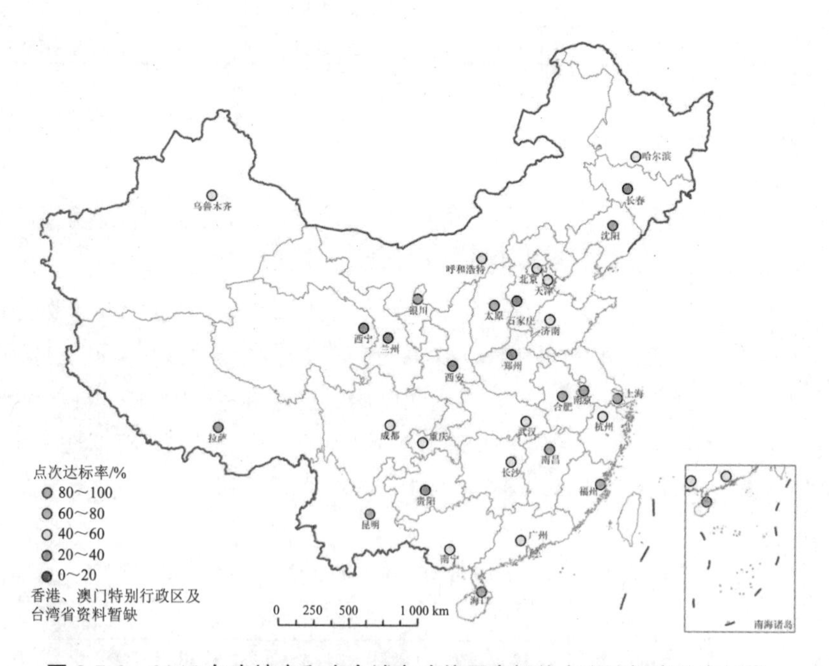

图 2.5-6　2016 年直辖市和省会城市功能区夜间总点次达标率分布示意

2.6 生态环境质量

2.6.1 省域生态环境质量

2015 年，全国生态环境状况指数（EI）值为 51.0，生态环境质量属于“一般”。31 个省份中，生态环境质量“优”的省份有浙江、福建、江西、湖南和海南，占国土面积的 6.7%；“良”的省份有辽宁、吉林、黑龙江、江苏、安徽、河南、湖北、广东、广西、重庆、四川、贵州、云南和陕西，占国土面积的 33.0%；“一般”的省份有北京、天津、河北、山西、内蒙古、上海、山东、西藏、甘肃、青海和宁夏，占国土面积的 43.0%；“较差”的省份为新疆，占国土面积的 17.3%；没有“差”类。在空间上，生态环境质量“优”和“良”的省份主要位于我国东部和南部地区，“一般”和“较差”的省份主要位于我国中部和西部地区，这与我国自然地理分布格局有很大的相关性。

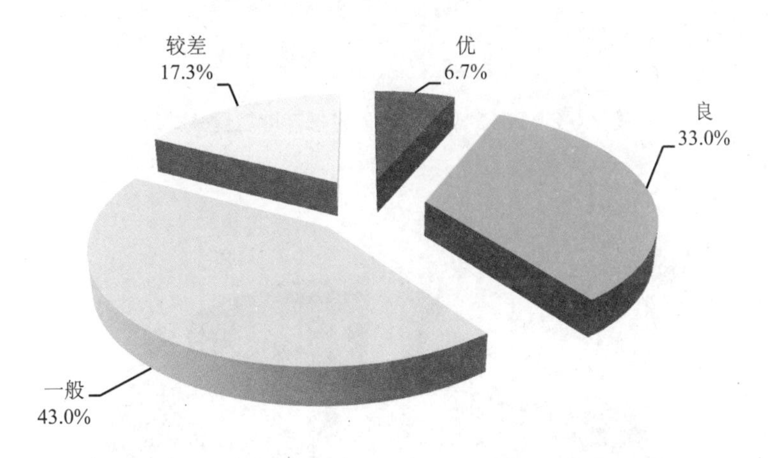

图 2.6-1　2015 年全国省域生态环境质量类型面积比例

2.6.2 县域生态环境质量

2015 年，全国 2 591 个县域行政单元中，生态环境质量“优”的个数有 548 个，占国土面积的 17.0%，“良”的个数有 1 057 个，占国土面积的 27.9%，“一般”的个数有 702 个，占国土面积的 22.2%；“较差”的个数有 267 个，占国土面积的 29.0%；“差”的个数有 17 个，占国土面积的 3.9%。“优”和“良”的县域生态环境质量占国土面积的 44.9%。

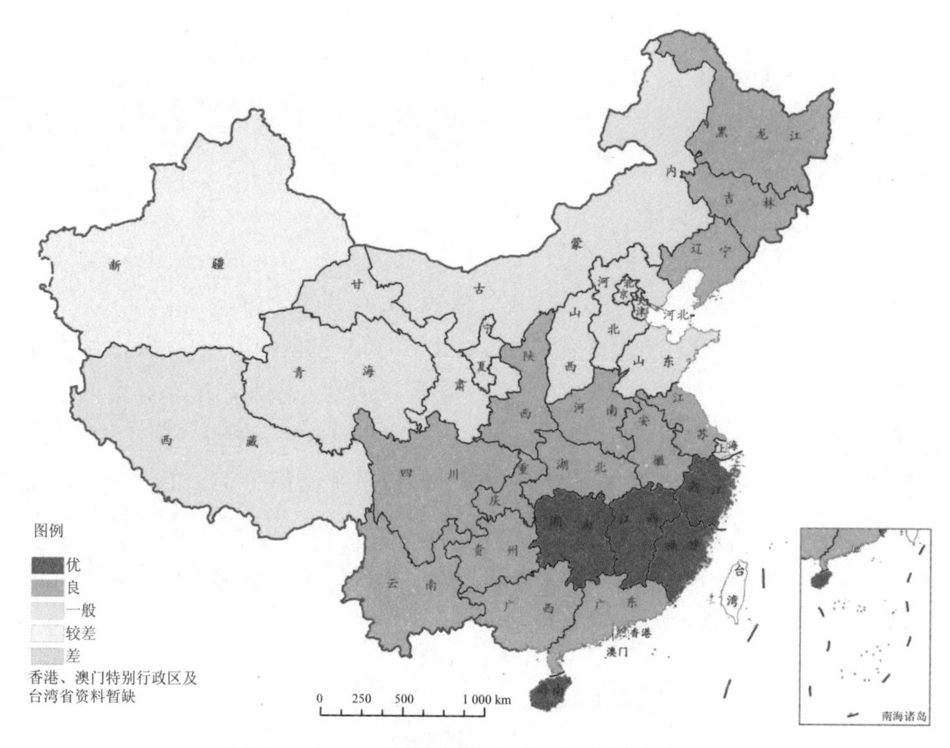

图 2.6-2 2015 年全国省域生态环境质量分布示意

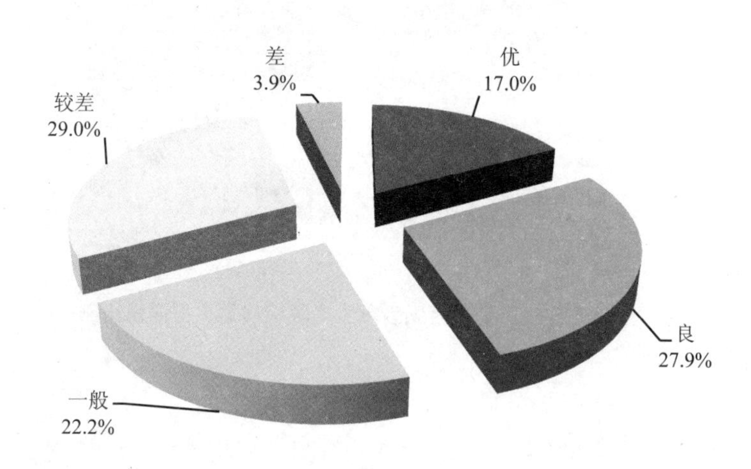

图 2.6-3 2015 年全国县域生态环境质量类型面积比例

在空间上，生态环境质量“优”和“良”的县域主要分布在我国秦岭淮河以南以及东北的大小兴安岭和长白山地区，“一般”的县域主要分布在我国华北平原、东北平原中西部、内蒙古中部、青藏高原中部和新疆北部等地区，“较差”和“差”的县域主要分布在内蒙古西部、甘肃西北部、青藏高原北部和新疆大部等地区。

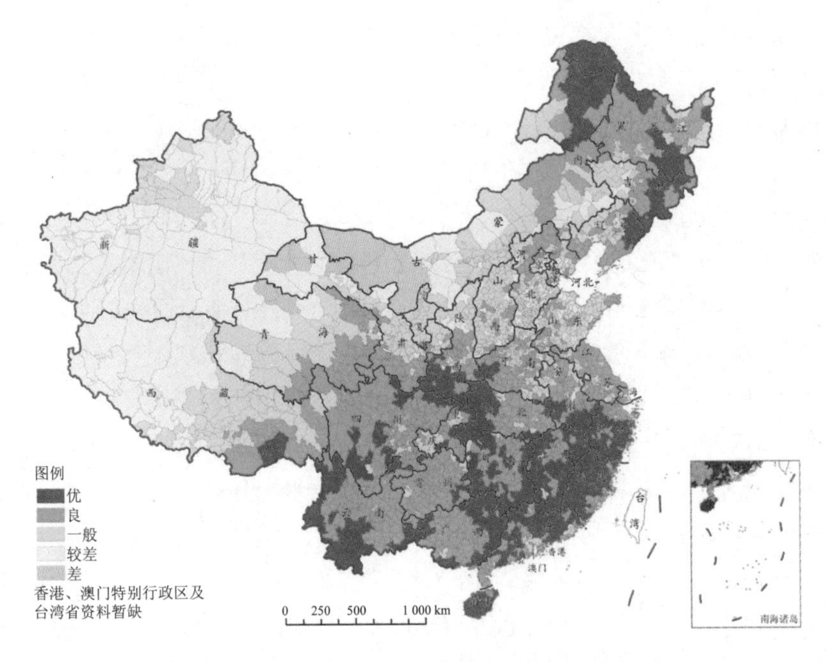

图 2.6-4　2015 年全国县域生态环境质量分布示意

2.6.3　生态功能区县域生态环境质量

2016 年，724 个国家重点生态功能区县域中，对其中 701 个县域生态环境质量进行评价，其他 23 个县域（均为新增县域）由于缺乏数据未开展评价。701 个县域中，防风固沙类型有 71 个，水土保持类型有 170 个，水源涵养类型有 285 个，生物多样性维护类型有 175 个。

701 个县域生态环境质量指数值（FEI 值）范围为 28.8（河北省枣强县）～79.6（湖南省张家界市武陵源区）。国家重点生态功能区县域总体上生态环境质量较好，“优”的县域有 73 个，“良”的有 296 个，“一般”的有 227 个，“较差”的有 89 个，“差”的有 16 个，分别占县域总数的 10.4%、42.2%、32.4%、12.7%和 2.3%。四种生态功能类型县域生态环境质量差异明显，防风固沙、水土保持、水源涵养和生物多样性维护功能类型，“优”和“良”的县域所占比例分别为 36.6%、52.9%、54.7%和 56.0%，“较差”和“差”的县域所占比例分别为 28.2%、12.4%、11.6%和 17.1%。

防风固沙功能 71 个县域的生态环境质量 FEI 值范围为 33.5（河北省张家口市桥东区）～71.1（河北省围场县）。生态环境质量“优”和“良”的县域有 25 个，“一般”的县域有 26 个，“较差”和“差”的县域有 20 个。水土保持功能 170 个县域的生态环境质量 FEI 值范围为 32.8（河北省正定县）～77.8（安徽省石台县）。生态环境质量“优”和“良”的县域有 90 个，“一般”的县域有 59 个，“较差”和“差”的县域有 21 个。水源涵养功能285个县域的生态环境质量FEI值范围为28.8（河北省枣强县）～78.9（黑龙江伊春市汤旺河区）。生态环境“优”和“良”的县域有157个，“一般”的县域有94个，“较差”和“差”的县域有34个。生物多样性维护功能175个县域的生态环境质量FEI值范围为36.3（海南省海口市龙华区）～79.6（湖南省张家界市武陵源区）。生态环境“优”和“良”的县域有97个，“一般”的县域有48个，“较差”和“差”的县域有30个。

701个县域1 413个地表水水质监测断面中，Ⅰ类、Ⅱ类、Ⅲ类、Ⅳ类和Ⅴ（劣Ⅴ）类水质的断面数量分别为46个、848个、367个、65个和87个，比例分别为3.3%、60.0%、26.0%、4.6%和6.1%。Ⅴ（劣Ⅴ）类断面主要分布在防风固沙和水土保持生态功能类型区。

对701个县域集中式饮用水水源地水质达标率统计分析结果表明，天津、吉林、福建、河南、广东、海南、重庆、四川、贵州和西藏10个省份的国家重点生态功能区县域饮用水水源地水质较好，达标率均高于90%。防风固沙、水土保持、水源涵养、生物多样性维护功能类型的饮用水水源地水质达标率存在明显差异。其中，饮用水水源地水质达标率低于10%的县域比例以防风固沙类型最高，达到37%，防风固沙类型县域饮用水主要为地下水，地质条件容易造成矿物质指标超标。饮用水水源地水质达标率高于90%的县域所占比例在生物多样性维护类型中最高，为91.9%，其次为水源涵养类型（88.2%）、水土保持类型（87.2%）、防风固沙类型（49.4%）。

401个设立自动监测点位的县域，空气质量优良的天数比例为90.1%；污染天数比例为9.9%，其中轻度污染为8.0%，中度污染为1.4%，重度污染为0.2%，严重污染为0.3%。生物多样性维护、水源涵养、水土保持和防风固沙四种功能类型县城空气质量优良天数比例分别为96.2%、89.5%、87.0%和84.5%。

2.7 农村环境质量

2.7.1 环境空气

2016年，31个省份和新疆生产建设兵团（以下简称兵团）共监测2 048个村庄的环境空气质量。其中，1 921个村庄空气质量无超标情况，占93.8%；127个村庄存在超标情况，占6.2%，主要超标指标为细颗粒物、可吸入颗粒物和臭氧。空气质量监测天数累计38 692天，其中达标天数为35 298天，占91.2%。从各监测指标来看，SO_2达标比例为99.9%，最大超标倍数为0.8；CO达标比例为99.8%，最大超标倍数为1.3；NO_2达标比例为99.8%，最大超标倍数为0.7；O_3达标比例为97.9%，最大超标倍数为0.7；PM_{10}达标比例为93.1%，最大超标倍数为3.0；$PM_{2.5}$达标比例为87.4%，最大超标倍数为5.7。

表 2.7-1 2016 年监测村庄环境空气质量监测结果

监测指标	监测天数	达标比例/%	监测值范围	单位	最大超标倍数
二氧化硫（SO_2）	38 637	99.9	0.002～273	μg/m³	0.8
二氧化氮（NO_2）	38 655	99.8	0.002～133		0.7
一氧化碳（CO）	12 016	99.8	0.021～9.4	mg/m³	1.3
臭氧（O_3）	12 048	97.9	0.005～269	μg/m³	0.7
可吸入颗粒物（PM_{10}）	38 624	93.1	0.075～599		3.0
细颗粒物（$PM_{2.5}$）	14 781	87.4	0.026～500		5.7

注：可吸入颗粒物、细颗粒物的数据已按照《受沙尘天气过程影响城市空气质量评价补充规定》剔除受沙尘天气影响的数据，下同。

从各季度监测结果来看，监测村庄的空气质量达标天数比例分别为第一季度 87.9%、第二季度 92.7%、第三季度 93.4%、第四季度 90.4%。

从各省份情况来看，海南、福建、云南和西藏 4 个省份监测村庄空气质量达标天数比例均为 100%，北京、天津、上海、陕西、宁夏、新疆和兵团村庄空气质量达标比例相对较低，在 42.2%～85.7%之间，主要超标指标为 $PM_{2.5}$、PM_{10} 和 O_3。

从空间分布来看，空气质量超标的村庄多分布在我国西北地区和中东部地区，主要与当地植被覆盖率低、耕作方式粗放及局部干旱少雨的自然气候条件密切相关，个别村庄空气质量超标还与周边企业排污、露天煤矿开采、锅炉燃烧和道路交通引起的扬尘等因素有关。

2.7.2 地表水

2016 年，30 个省份（西藏未开展监测）1 732 个县域农村地表水水质监测断面中，Ⅰ～Ⅲ类水质断面 1 317 个，占 76.0%；Ⅳ类、Ⅴ类 271 个，占 15.6%；劣Ⅴ类 144 个，占 8.3%。对粪大肠菌群进行单独评价，Ⅰ～Ⅲ类水质占 84.0%，Ⅳ类、Ⅴ类占 12.1%，劣Ⅴ类占 3.9%。地表水水质超标指标主要为总磷、五日生化需氧量、氨氮、高锰酸盐指数和石油类。

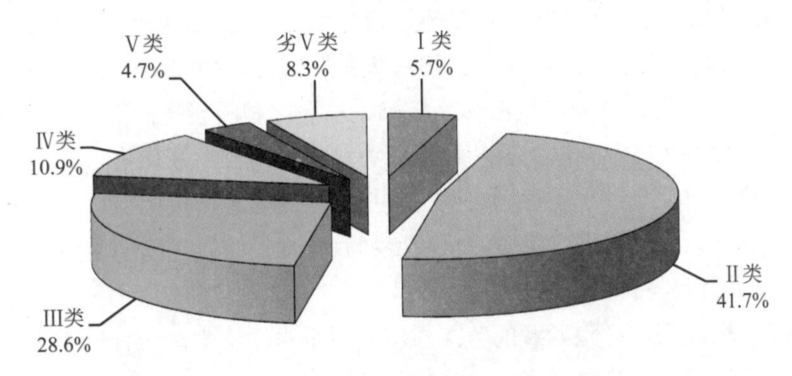

图 2.7-1 2016 年监测县域农村地表水水质类别比例

从各季度监测结果来看，第一季度监测县域农村地表水断面 1 425 个，其中Ⅰ～Ⅲ类水质断面 1 100 个，占 77.2%；Ⅳ类、Ⅴ类 206 个，占 14.%；劣Ⅴ类 119 个，占 8.4%。第二季度监测断面 1 657 个，其中Ⅰ～Ⅲ类水质断面 1 252 个，占 75.6%；Ⅳ类、Ⅴ类 257 个，占 15.%；劣Ⅴ类 148 个，占 8.9%。第三季度监测断面 1 692 个，其中Ⅰ～Ⅲ类水质断面 1 308 个，占 77.3%；Ⅳ类、Ⅴ类 244 个，占 14.4%；劣Ⅴ类 140 个，占 8.3%。第四季度监测断面 1 574 个，其中Ⅰ～Ⅲ类水质 1 249 个，占 79.4%；Ⅳ类、Ⅴ类 230 个，占 14.6%；劣Ⅴ类 95 个，占 6.0%。

从各省份情况看，除北京、福建和江西 3 个省份的县域农村地表水监测指标未出现超标外，其他省份都存在超标现象。其中，天津、山西、内蒙古、上海、山东和兵团地表水水质超标断面比例超过 50%，天津、河北、山西、山东和河南劣Ⅴ类水质断面比例超过 20%。

2.7.3 饮用水水源地

2016 年，31 个省份共监测 2 053 个村庄的饮用水水源地水质状况，监测断面/点位共 2 210 个，总体水质达标比例为 79.3%。其中，地表水饮用水水源地监测断面 1 019 个，水质达标比例为 94.8%；地下水饮用水水源地监测点位 1 191 个，水质达标比例为 66.0%。地表水饮用水水源地水质主要超标指标为五日生化需氧量、铁和硫酸盐；地下水饮用水水源地水质主要超标指标为总大肠菌群、氟化物、总硬度、氨氮和锰。

从各季度监测结果来看，监测村庄地表水饮用水水源地水质达标比例基本稳定，在 93.0%～95.3%之间。第一季度监测断面 926 个，水质达标比例为 93.7%，主要超标指标为铁、石油类、五日生化需氧量和锰；第二季度监测断面 962 个，水质达标比例为 93.9%，主要超标指标为五日生化需氧量、铁、石油类和锰；第三季度监测断面 980 个，水质达标比例为 93.0%，主要超标指标为高锰酸盐指数、五日生化需氧量、铁和锰；第四季度监测断面 927 个，水质达标比例为 95.3%，主要超标指标为铁、汞、五日生化需氧量和硫酸盐，个别村庄的地表水饮用水水源地存在重金属超标情况。地下水饮用水水源地水质达标比例在 66.8%～69.7%之间。第一季度监测点位 997 个，水质达标比例为 68.9%，主要超标指标为总大肠菌群、氟化物、总硬度和氨氮；第二季度监测点位 1 087 个，水质达标比例为 66.8%，主要超标指标为总大肠菌群、氟化物、氨氮、总硬度和硫酸盐；第三季度监测点位 1 083 个，水质达标比例为 69.7%，主要超标指标为总大肠菌群、氟化物、氨氮和总硬度；第四季度监测点位 1 003 个，水质达标比例为 69.0%，主要超标指标为总大肠菌群、氨氮、氟化物和总硬度。总大肠菌群、氨氮、总硬度和氟化物均为各季度的主要超标指标，呈现出明显的农村面源污染特征。

从各省份情况来看，除西藏的监测村庄饮用水水源地水质达标比例为 100%外，其他省份均存在超标情况，其中天津、内蒙古、辽宁、湖南、海南、陕西和宁夏饮用水水源地水质达标比例均低于 60.0%，分别为 50.0%、57.4%、46.4%、56.9%、50.0%、59.3%和 58.1%。

2.8 辐射环境质量

2.8.1 环境辐射水平

2.8.1.1 电离

（1）空气吸收剂量率

2016 年，河南漯河龙江路站附近进行探伤作业引起部分时段空气吸收剂量率升高，但评估结果表明，探伤作业所致周围公众个人年有效剂量远低于国家规定的剂量限值；其余辐射环境自动监测站实时连续空气吸收剂量率处于当地天然本底水平涨落范围内。除 9 个自动站因监测设备、供电等故障，数据获取率不满足数据统计的有效性规定，未能进行年均值统计外，其余 140 个自动站按站点统计年均值范围为 57.6～193.7 nGy/h。

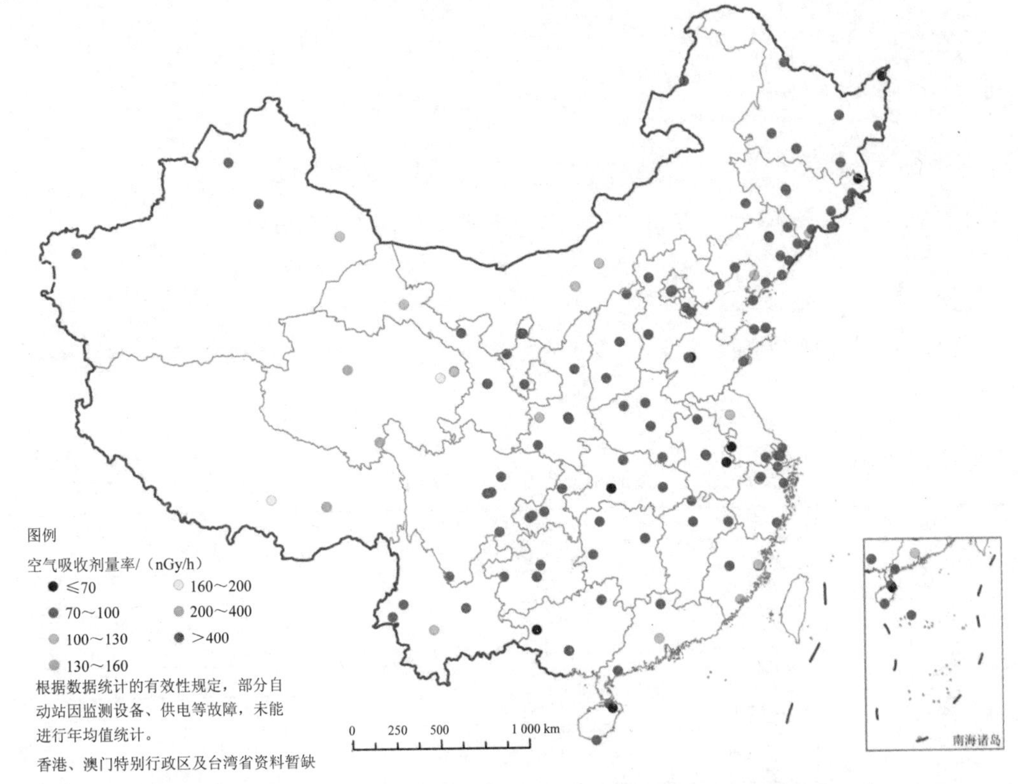

图 2.8-1 辐射环境自动监测站实时连续空气吸收剂量率年均值分布示意

累积剂量测得的空气吸收剂量率（未扣除宇宙射线响应值）处于当地天然本底涨落范围内，304 个监测点按点位统计年均值范围为 44.9～285 nGy/h。其中空气吸收剂量率年均值＜70 nGy/h 的点位占 6.9%，在 70～100 nGy/h 之间的点位占 62.2%，在 100～130 nGy/h 之间的点位占 25.0%，＞130 nGy/h 的点位占 5.9%。

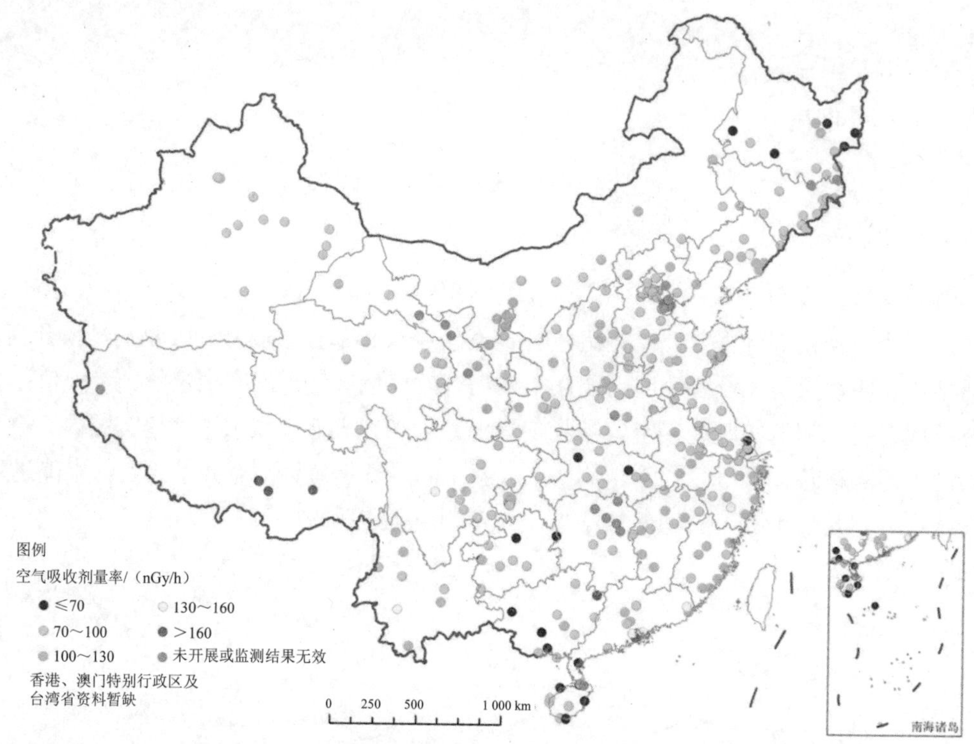

图 2.8-2 累积剂量测得的空气吸收剂量率年均值分布示意

（2）空气

2016 年，气溶胶中天然放射性核素活度浓度处于天然本底水平；人工放射性核素活度浓度未见异常。

表 2.8-1 气溶胶中天然放射性核素活度浓度监测结果①

监测项目	单位	n/m②	高于 MDC②测值范围	MDC 范围
铍-7	mBq/m³	946/946	0.12～16	—②
钾-40	μBq/m³	410/993	12～610	14～143
铅-210	mBq/m³	206/206	0.17～9.7	—
钋-210	mBq/m³	178/178	0.05～1.5	—
碘-131	μBq/m³	0/968	—	0.46～10
铯-134	μBq/m³	0/996	—	0.35～9.8
铯-137（γ 能谱分析）	μBq/m³	1/987	1.2	0.22～9.9
铯-137（放化分析）	μBq/m³	32/38	0.12～5.5	0.05～0.12
锶-90	μBq/m³	41/51	0.05～48	0.04～0.49

注：①个别点位因仪器设备等原因未开展相关项目监测，或因采样、样品前处理、测量等原因导致监测结果无效。
②表中符号说明：“n”表示 2016 年高于 MDC 样品数，“m”表示 2016 年样品总数，“MDC”表示最小可探测浓度，“—”表示不适用。

沉降物中天然放射性核素日沉降量处于天然本底水平；人工放射性核素日沉降量未见异常。降水中氚活度浓度未见异常。

表 2.8-2 沉降物中天然放射性核素日沉降量监测结果①

监测项目	单位	n/m②	高于 MDC②测值范围	MDC 范围
铍-7	Bq/（m^2·d）	103/103	0.07～11	—②
钾-40	mBq/（m^2·d）	81/105	10～553	4.5～79
铯-137	mBq/（m^2·d）	2/106	0.33～0.61	0.20～7.7
碘-131	mBq/（m^2·d）	0/107	—	0.18～7.4
铯-134	mBq/（m^2·d）	0/110	—	0.20～8.0
氚③	Bq/L	17/61	0.28～2.7	0.36～2.5

注：①个别点位因仪器设备等原因未开展相关项目监测，或因采样、样品前处理、测量等原因导致监测结果无效。
②表中符号说明：“n”表示 2016 年高于 MDC 样品数，“m”表示 2016 年样品总数，“MDC”表示最小可探测浓度，“—”表示不适用。
③降水中氚。

空气（水蒸气）中氚活度浓度未见异常。空气中气态放射性碘-125 和碘-131 未见异常。

（3）水体

2016 年，长江、黄河、珠江、松花江、淮河、海河、辽河、浙闽片河流、西南诸河、西北诸河和重点湖泊（水库）地表水中总 α 和总 β 活度浓度，天然放射性核素铀和钍浓度、镭-226 活度浓度处于天然本底水平；人工放射性核素锶-90 和铯-137 活度浓度未见异常。高于 MDC 的江河水样品中，铀质量浓度为 0.10～3.0 μg/L 的样品占 81.6%，钍质量浓度为 0.10～1.0 μg/L 的样品占 76.7%，镭-226 活度浓度为 2.0～15 mBq/L 的样品占 94.5%，锶-90 活度浓度为 1.0～6.0 mBq/L 的样品占 87.1%，铯-137 活度浓度为 0.1～0.7 mBq/L 的样品占 80.0%。

地下水中总 α 和总 β 活度浓度，天然放射性核素铀和钍质量浓度、镭-226 活度浓度处于天然本底水平。其中，饮用地下水中总 α 和总 β 活度浓度低于《生活饮用水卫生标准》（GB 5749—2006）规定的放射性指标指导值。

集中式饮用水水源地水中总 α、总 β 活度浓度，天然放射性核素铀和钍浓度、镭-226 活度浓度处于天然本底水平；人工放射性核素锶-90 和铯-137 活度浓度未见异常。其中，总 α 和总 β 活度浓度低于《生活饮用水卫生标准》（GB 5749—2006）规定的放射性指标指导值。

近岸海域海水中天然放射性核素铀和钍浓度、镭-226 活度浓度处于天然本底水平；人工放射性核素锶-90 和铯-137 活度浓度未见异常，且低于《海水水质标准》（GB 3097—1997）规定的限值。海洋生物中天然放射性核素铅-210 和钋-210 活度浓度处于天然本底水平；人工放射性核素锶-90 和铯-137 活度浓度未见异常。

表 2.8-3　2016 年各类水中放射性核素浓度①

水类别	断面（点位）数/个	高于 MDC②测值范围				
		U/（μg/L）	Th/（μg/L）	^{226}Ra/（mBq/L）	^{90}Sr/（mBq/L）	^{137}Cs/（mBq/L）
长江	24	0.13～2.0	0.06～1.7	1.7～17	1.0～11	0.2～1.3
黄河	12	1.3～7.8	0.05～0.70	2.7～12	0.57～6.8	0.2～0.5
珠江	6	0.09～0.66	0.03～0.21	4.0～12	1.3～6.9	0.2～0.9
松花江	9	0.20～3.3	0.07～0.77	1.9～13	1.2～5.6	0.1～1.3
淮河	3	0.79～5.0	0.04～0.87	3.4～15	1.8～4.7	0.4～1.0
海河	6	1.0～4.3	0.02～0.21	2.5～5.6	1.5～9.6	0.2～1.0
辽河	5	0.10～2.7	0.07～0.65	3.1～14	1.4～5.2	0.1～0.7
浙闽片河流	3	0.16～0.76	0.04～0.20	2.4～12	1.6～3.7	0.4～0.5
西北诸河	4	0.63～3.5	0.14～0.63	8.3～19	1.2～3.0	0.6～1.2
西南诸河	7	0.16～2.0	0.06～0.58	—②	1.1～7.8	0.3～0.4
湖泊	13	0.09～5.7	0.06～0.76	1.4～14	1.2～6.2	0.2～1.8
水库	7	0.03～5.6	0.03～0.66	1.2～7.0	0.73～7.0	0.1～0.6
饮用水水源地	42	0.04～6.4	0.02～0.78	1.4～16	0.49～7.6	0.2～0.9
地下水	29	0.02～5.8	0.01～0.61	3.5～22	/②	/
海水	48	0.75～7.5	0.02～0.78	1.7～14	0.51～4.8	0.2～1.8

注：①个别断面因仪器设备等原因未开展相关项目监测，或因采样、样品前处理、测量等原因导致监测结果无效。
②表中符号说明："MDC"表示最小可探测浓度，"—"表示不适用，"/"表示监测方案未要求开展监测项目。

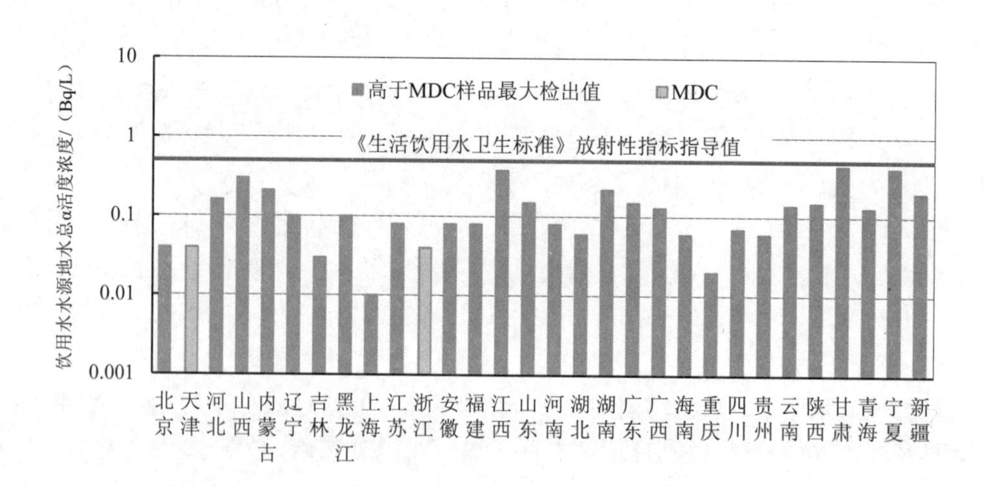

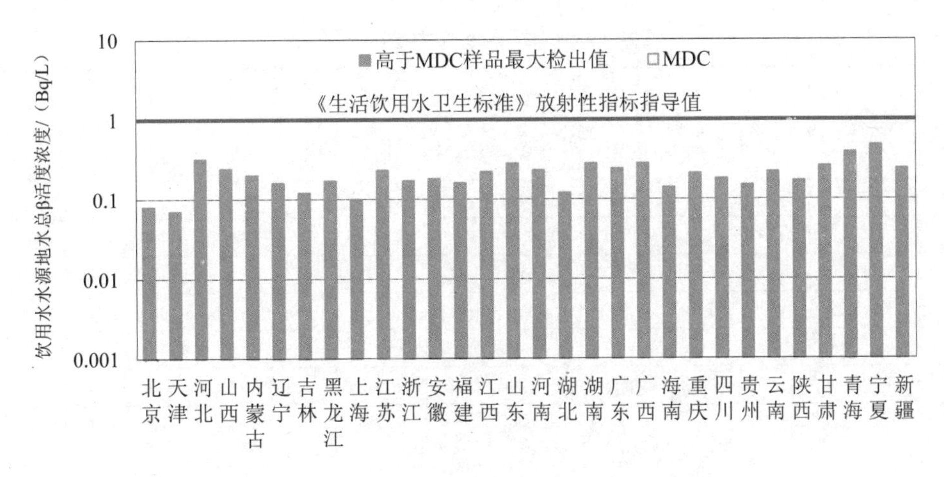

图 2.8-3 饮用水水源地水中总 α 和总 β 活度浓度

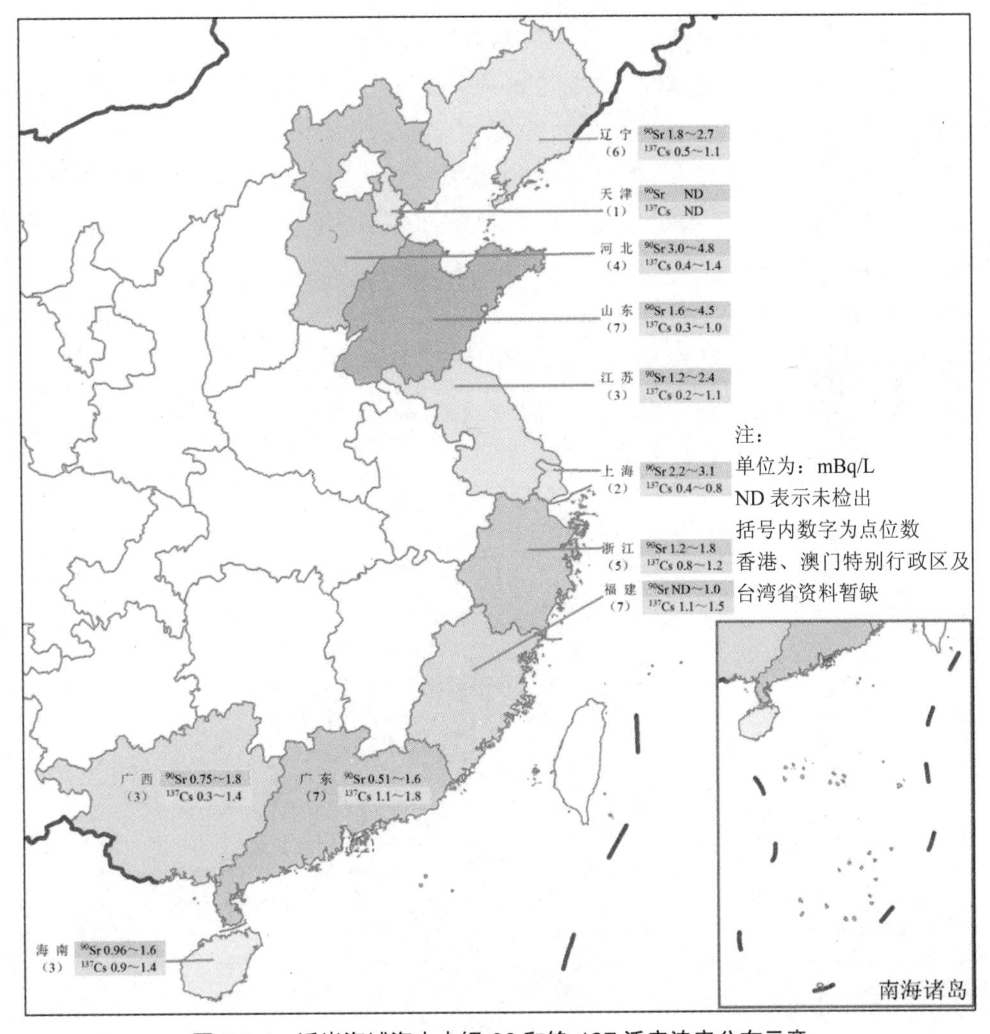

图 2.8-4 近岸海域海水中锶-90 和铯-137 活度浓度分布示意

表 2.8-4 近岸海域海洋生物监测结果①

海洋生物类别		单位	锶-90			铯-137③		
			n/m②	高于 MDC② 测值范围	MDC 范围	n/m	高于 MDC 测值范围	MDC 范围
海洋水生植物	海带	Bq/（kg 鲜）	1/1	0.07	—②	1/1	0.024	—
	紫菜	Bq/（kg 干）	0/1	—	0.066	1/1	0.11	—
海鱼（黄鱼、鲳鱼等）		Bq/（kg 鲜）	8/9	0.005～0.11	0.004	9/9	0.018～0.22	—
海贝（牡蛎、扇贝等）		Bq/（kg 鲜）	5/11	0.002～0.031	0.002～0.009	10/10	0.005～0.025	—
海虾（海虾、爬虾）		Bq/（kg 鲜）	3/3	0.008～0.52	—	2/2	0.018～0.040	—
海蟹（梭子蟹）		Bq/（kg 鲜）	0/1	—	0.011	1/1	0.025	—

注：①个别点位因仪器设备等原因未开展相关项目监测，或因采样、样品前处理、测量等原因导致监测结果无效。
②表中符号说明：“n”表示 2016 年高于 MDC 样品数，“m”表示 2016 年样品总数，“MDC”表示最小可探测浓度，“—”表示不适用。
③表中铯-137 的监测结果均采用化学分析方法。

（4）土壤

2016 年，土壤中天然放射性核素铀-238、钍-232 和镭-226 活度浓度处于天然本底水平，人工放射性核素铯-137 活度浓度未见异常。

高于 MDC 的土壤样品中，天然放射性核素铀-238、钍-232 和镭-226 活度浓度为 20～70 Bq/kg 的样品分别占 85.4%、83.4%和 87.4%；人工放射性核素铯-137 活度浓度为 0.5～3.0 Bq/kg 的样品占 77.8%。

高于 MDC 的土壤样品中，铀-238、钍-232、镭-226、铯-137 活度浓度范围分别为 8～235 Bq/kg、6～415 Bq/kg、9～211 Bq/kg、0.4～9.5 Bq/kg。

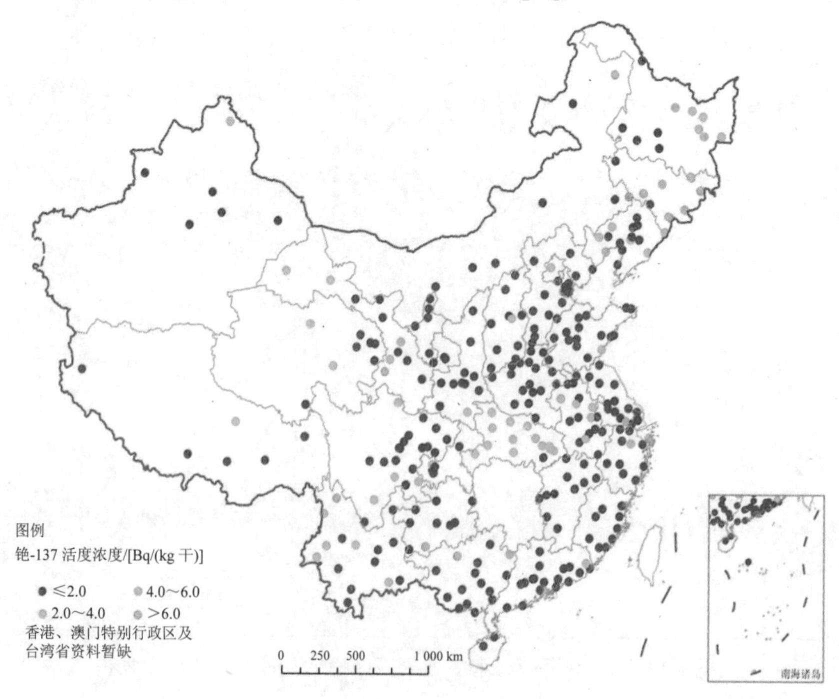

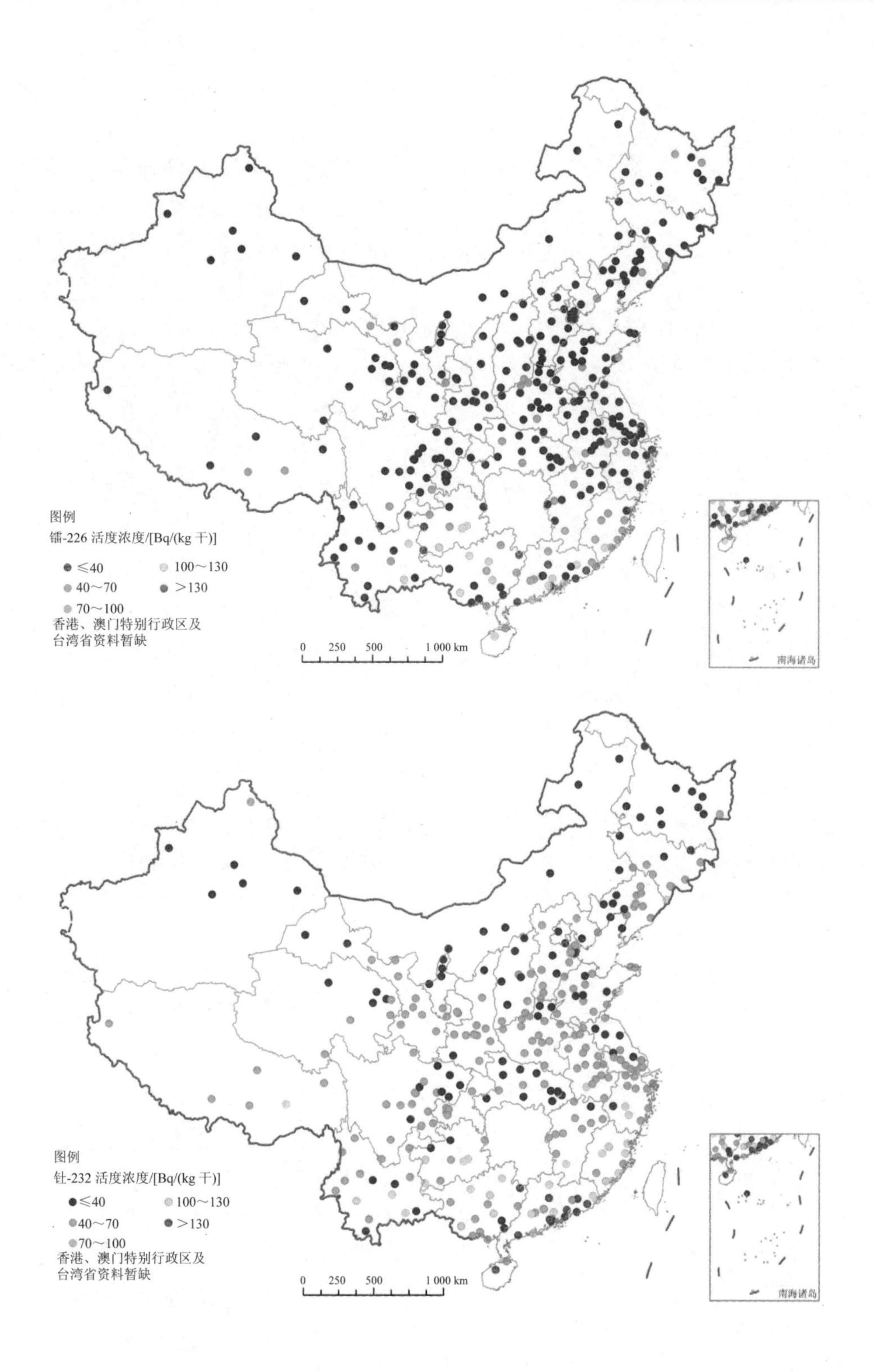
图例
镭-226 活度浓度/[Bq/(kg 干)]
≤40
100～130
40～70
>130
70～100
香港、澳门特别行政区及
台湾省资料暂缺
0 250 500 1 000 km
南海诸岛
图例
钍-232 活度浓度/[Bq/(kg 干)]
≤40
100～130
40～70
>130
70～100
香港、澳门特别行政区及
台湾省资料暂缺
0 250 500 1 000 km
南海诸岛

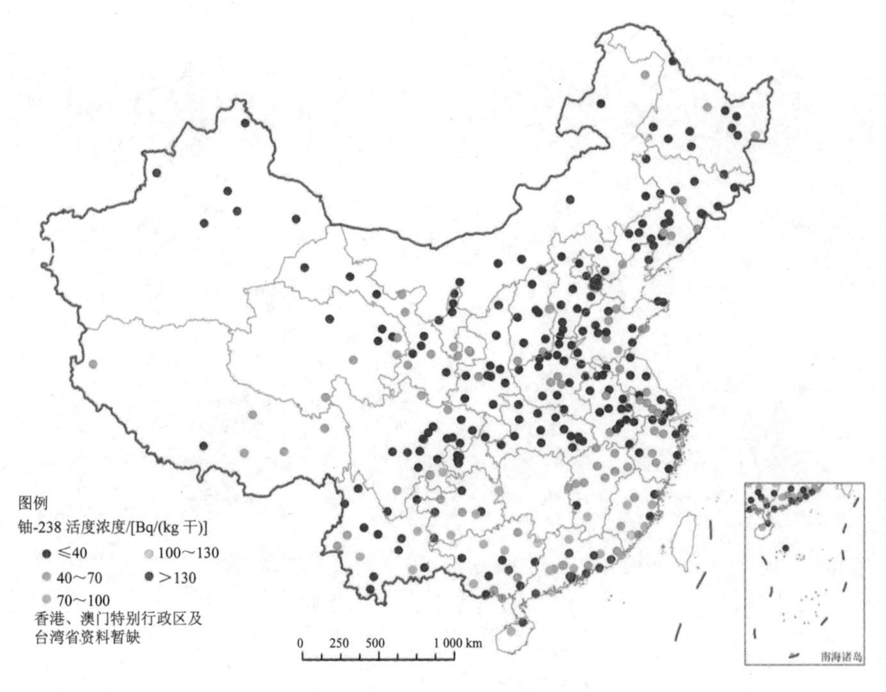

图 2.8-5 土壤中放射性核素活度浓度

2.8.1.2 电磁

2016 年，直辖市和省会城市环境综合电场强度，按点位统计范围为 0.17～2.5 V/m，远低于《电磁环境控制限值》（GB 8702—2014）中规定的公众暴露控制限值 12 V/m（频率范围为 30～3 000 MHz）。

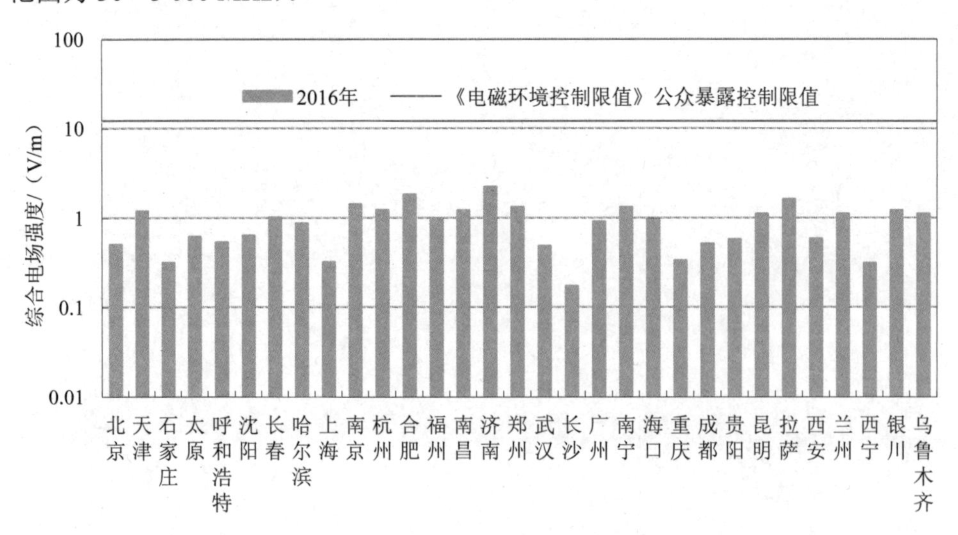

图 2.8-6 直辖市和省会城市环境电磁辐射水平

2.8.2 核电基地周围环境电离辐射水平①

运行核电基地周围实时连续空气吸收剂量率未监测到因核电基地运行引起的异常。红沿河核电基地、福清核电基地、阳江核电基地、防城港核电基地和昌江核电基地周围空气、水、土壤、生物等环境介质中人工放射性核素活度浓度均未见异常。虽然田湾核电基地、秦山核电基地、宁德核电基地和大亚湾核电基地周围部分环境介质中氚活度浓度高于本底水平，田湾核电基地和秦山核电基地周围个别环境样品中检出微量的钴-60 等人工放射性核素，但评估结果表明，核电基地运行所致个人年有效剂量远低于国家规定的剂量约束值。

2.8.2.1 空气吸收剂量率

2016 年，运行核电基地周围辐射环境自动监测站实时连续空气吸收剂量率未监测到因核电基地运行引起的异常。

核电基地周围累积剂量测得的空气吸收剂量率处于当地天然本底涨落范围内。

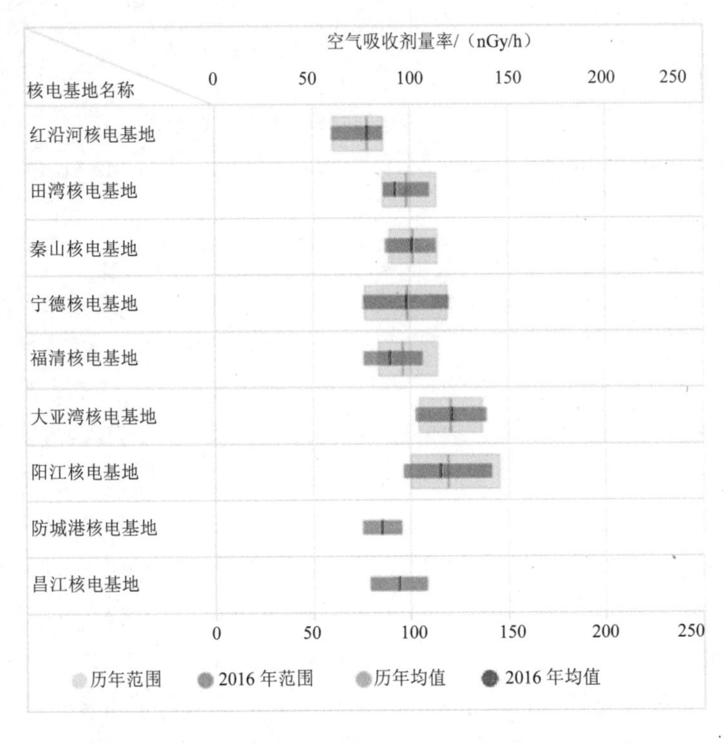

图 2.8-7 核电基地周围辐射环境自动监测站监测结果

注：范围和均值为按站点年均值进行统计；田湾核电基地辐射环境监测系统进行了升级改造，并于 2015 年下半年投入运行。

①本节图中历年监测数据的收集时间分别为：田湾、秦山、大亚湾核电基地为 2011—2015 年，红沿河核电基地为 2013—2015 年，宁德、阳江核电基地为 2014—2015 年，福清核电基地为 2015 年。

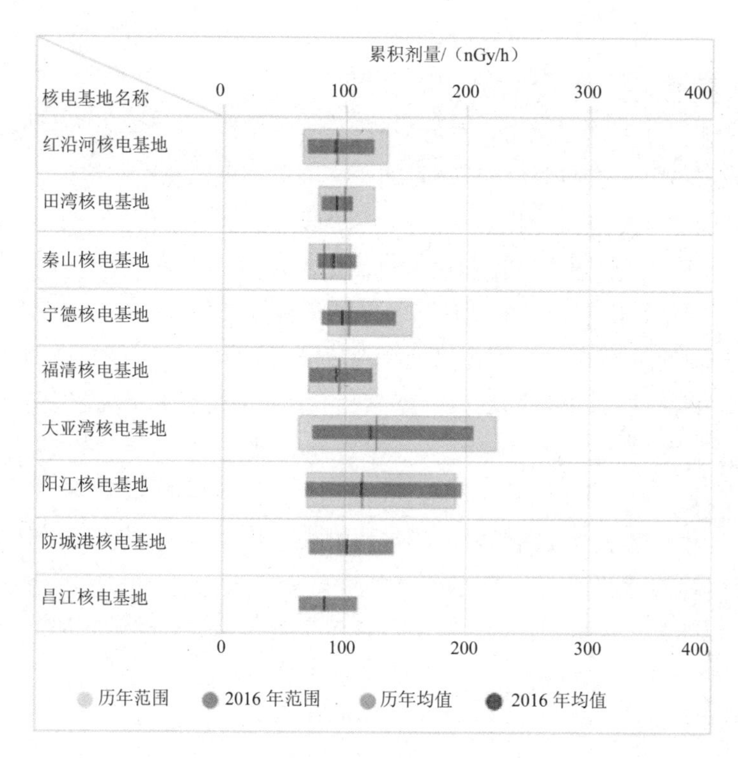

图 2.8-8 核电基地周围累积剂量监测结果

注：图中范围和均值按点位的年均值进行统计；大亚湾核电基地自 2016 年第二季度始，仪器检定单位变更，检定系数略有变化。

2.8.2.2 空气

2016 年，核电基地周围气溶胶中总 α 和总 β 活度浓度处于天然本底水平；除个别气溶胶样品中检出微量的钴-60 等人工 γ 放射性核素外，核电基地周围其余气溶胶样品中人工 γ 放射性核素活度浓度未见异常。

核电基地周围空气中气态放射性碘-131 和碘-133 活度浓度未见异常。

核电基地周围沉降物中总 α、总 β 日沉降量处于天然本底水平；锶-90 和人工 γ 放射性核素日沉降量未见异常。

核电基地周围空气中碳-14 活度浓度未见异常。

因秦山第三核电厂是重水堆核电站，其慢化剂和冷却剂均采用重水，与轻水堆相比向空气释放的氚较多，秦山核电基地周围关键居民点部分空气（水蒸气）和降水样品中氚活度浓度高于本底水平；大亚湾核电基地周围个别空气（水蒸气）样品中氚活度浓度略高于本底水平，但降水中氚活度浓度未见异常；其余核电基地周围空气（水蒸气）和降水中氚活度浓度未见异常。

表 2.8-5 核电基地周围气溶胶监测结果①②

核电基地名称	点位数	总 α		总 β		^{58}Co		^{60}Co		^{95}Zr	
		n/m③	范围/（mBq/m³）	n/m	范围/（mBq/m³）	n/m	范围/（μBq/m³）	n/m	范围/（μBq/m³）	n/m	范围/（μBq/m³）
红沿河	2	24/24	0.03～0.20	24/24	0.58～1.7	0/24	—③	0/24	—	0/24	—
田　湾	3④	11/11	0.01～0.10	11/11	0.01～0.79	0/33	—	1/33	8.4	1/33	14
秦　山	3	36/36	0.02～0.14	36/36	0.16～1.5	1/36	9.1	0/36	—	0/36	—
宁　德	3	34/34	0.02～0.13	34/34	0.25～2.2	0/34	—	0/34	—	0/34	—
福　清	3	35/36	0.02～0.14	35/36	0.23～2.4	0/35	—	0/35	—	0/35	—
大亚湾	2	24/24	0.01～0.11	24/24	0.20～3.3	0/24	—	0/24	—	0/24	—
阳　江	2	24/24	0.01～0.35	24/24	0.05～2.5	0/24	—	0/24	—	0/24	—
防城港	5	60/60	0.02～0.21	60/60	0.30～1.9	0/60	—	0/60	—	0/60	—
昌　江	3	30/30	0.01～0.11	29/29	0.20～0.74	0/36	—	0/36	—	0/36	—

注：①表中范围为高于最小可探测活度浓度的测值范围。
②核电基地周围气溶胶中其他人工 γ 放射性核素 ^{54}Mn、^{131}I、^{134}Cs、^{137}Cs、^{144}Ce 等均未检出。
③表中符号说明："n" 表示 2016 年高于 MDC 样品数，"m" 表示 2016 年样品总数，"—" 表示不适用。
④田湾核电基地周围开展气溶胶总 α 和总 β 分析的点位数为 1。

表 2.8-6 核电基地周围空气中气态放射性碘同位素监测结果①

核电基地名称	点位数	^{131}I		^{133}I	
		n/m	范围/（mBq/m³）	n/m	范围/（mBq/m³）
红沿河	2	0/24	—②	0/24	—
田　湾	1	0/12	—	0/12	—
秦　山	1	0/4	—	0/4	—
福　清	3	0/36	—	0/36	—
大亚湾	2	0/24	—	0/24	—
阳　江	2	0/24	—	0/24	—
防城港	5	0/60	—	0/60	—
昌　江	3	0/36	—	0/27	—

注：①表中范围为高于最小可探测活度浓度的测值范围。
②表中符号说明："—" 表示不适用。

表 2.8-7 核电基地周围沉降物监测结果①

核电基地名称	点位数	总 α		总 β		^{90}Sr		^{137}Cs		其他核素③	
		n/m②	范围/[Bq/(m²·d)]	n/m	范围/[Bq/(m²·d)]	n/m	范围/[mBq/(m²·d)]	n/m	范围/[mBq/(m²·d)]	n/m	范围/[mBq/(m²·d)]
红沿河	2	8/8	0.14～0.28	8/8	0.17～0.45	8/8	3.0～5.7	0/8	—②	0/8	—
田　湾	3	12/12	0.05～0.21	12/12	0.10～0.36	12/12	1.0～4.9	0/12	—	0/12	—
秦　山	3	12/12	0.14～0.43	12/12	0.29～0.94	12/12	1.2～11	0/12	—	0/12	—
宁　德	3	12/12	0.02～0.39	12/12	0.03～0.76	2/3	0.14～0.26	0/12	—	0/12	—
福　清	3	12/12	0.02～0.40	12/12	0.07～0.64	1/3	0.18	0/12	—	0/12	—
大亚湾	2	7/7	0.03～0.36	7/7	0.04～0.74	1/2	0.049	0/7	—	0/7	—
阳　江	2	8/8	0.02～0.15	8/8	0.03～0.21	2/2	0.33～0.34	0/8	—	0/8	—
防城港	5	20/20	0.03～0.77	20/20	0.08～1.1	15/15	0.75～2.8	0/20	—	0/20	—
昌　江	3	12/12	0.12～0.28	9/9	0.24～0.43	11/11	0.46～14	0/12	—	0/12	—

注：①表中范围为高于最小可探测活度浓度的测值范围。
②表中符号说明："n" 表示 2016 年高于 MDC 样品数，"m" 表示 2016 年样品总数，"—" 表示不适用。
③其他核素包括 ^{54}Mn、^{58}Co、^{60}Co、^{95}Zr、^{131}I、^{134}Cs、^{144}Ce 等人工 γ 放射性核素。

表 2.8-8　核电基地周围降水监测结果①

核电基地名称	点位数	^{3}H		^{90}Sr		^{137}Cs		其他核素③	
		n/*m*②	范围/（Bq/L）	*n*/*m*	范围/（mBq/L）	*n*/*m*	范围/（mBq/L）	*n*/*m*	范围/（mBq/L）
红沿河	2	16/16	0.37～0.56	/②	/	/	/	/	/
田　湾	3	9/12	1.0～2.9	/	/	0/12	—②	0/12	—
秦　山	3	34/36	1.1～56	/	/	/	/	/	/
宁　德	3	0/36	—	/	/	/	/	/	/
福　清	3	6/36	0.51～1.1	4/12	0.84～2.8	0/11	—	0/11	—
大亚湾	2	3/8	0.91～1.6	0/6	—	0/8	—	0/8	—
阳　江	2	0/8	—	8/8	0.20～0.61	0/8	—	0/8	—
防城港	5	0/20	—	20/20	0.31～6.6	0/20	—	0/20	—
昌　江	3	0/6	—	/	/	0/6	—	0/6	—

注：①表中范围为高于最小可探测活度浓度的测值范围。

②表中符号说明："*n*" 表示 2016 年高于 MDC 样品数，"*m*" 表示 2016 年样品总数，"—" 表示不适用，"/" 表示监测方案未要求开展监测。

③其他核素包括 ^{54}Mn、^{58}Co、^{60}Co、^{65}Zn、^{95}Zr、^{110m}Ag、^{124}Sb、^{134}Cs、^{144}Ce 等人工 γ 放射性核素。

表 2.8-9　核电基地周围空气中碳-14 和空气（水蒸气）中氚监测结果①

核电基地名称	点位数	^{14}C		^{3}H	
		n/*m*②	范围/[Bq/(g 碳)]	*n*/*m*	范围/（mBq/m^3）
红沿河	2	24/24	0.28～0.31	24/24	0.83～9.6
田　湾	1	11/11	0.18～0.32	11/11	15～46
秦　山	3	36/36	0.19～0.29	36/36	34～1885
宁　德	3	36/36	0.17～0.28	8/36	7.9～21
福　清	3	36/36	0.17～0.31	5/36	12～29
大亚湾	2	24/24	0.23～0.31	12/24	18～94
阳　江	2	24/24	0.20～0.24	0/24	—②
防城港	5	59/59	0.15～0.29	0/60	—
昌　江	3	35/35	0.18～0.30	1/36	13

注：①表中范围为高于最小可探测活度浓度的测值范围。

②表中符号说明："*n*" 表示 2016 年高于 MDC 样品数，"*m*" 表示 2016 年样品总数，"—" 表示不适用。

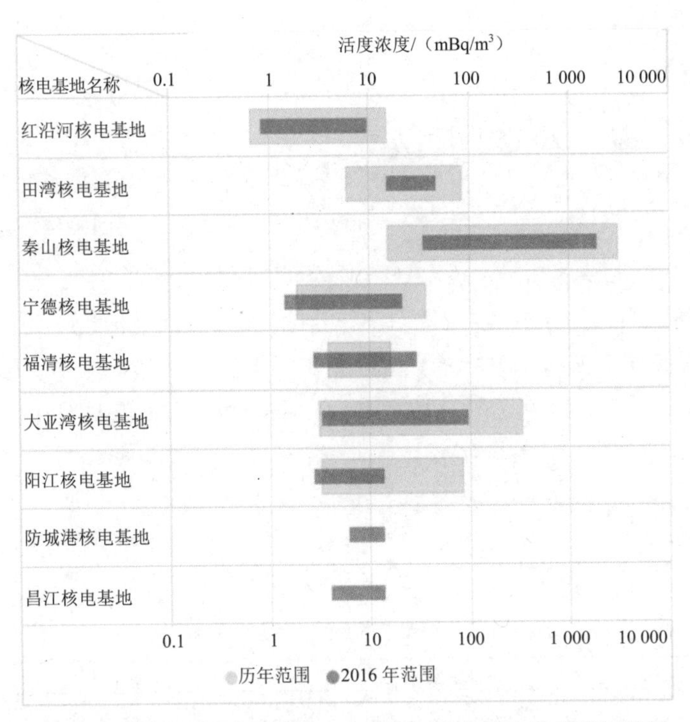

图 2.8-9 核电基地周围空气（水蒸气）中氚活度浓度监测结果

注：图中小于最小可探测浓度的监测值按最小可探测活度浓度的 1/2 参与统计。

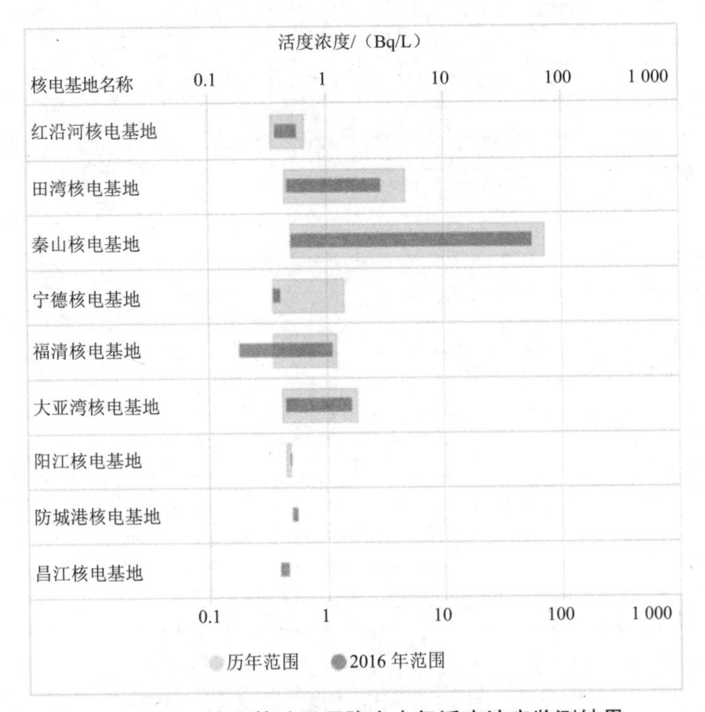

图 2.8-10 核电基地周围降水中氚活度浓度监测结果

注：图中小于最小可探测浓度的监测值按最小可探测活度浓度的 1/2 参与统计。

2.8.2.3 水体

2016 年，核电基地周围自来水出厂水和管网末梢水中总 α 和总 β 活度浓度处于天然本底水平，且低于《生活饮用水卫生标准》（GB 5749—2006）中规定的放射性指标指导值；陆地水中锶-90 和人工 γ 放射性核素活度浓度未见异常。秦山核电基地周围河水中氚未见异常，但池塘水和井水中氚活度浓度高于本底水平；其余核电基地周围陆地水中氚活度浓度未见异常。

核电基地周围海域海水中锶-90 和人工 γ 放射性核素活度浓度未见异常，且锶-90 和铯-137 活度浓度低于《海水水质标准》（GB 3097—1997）规定的限值。田湾核电基地、秦山核电基地、宁德核电基地和大亚湾核电基地周围海域部分海水样品中氚活度浓度高于本底水平，其余核电基地周围海域海水中氚活度浓度未见异常。

核电基地周围岸边沉积物、潮间带土和海底沉积物中锶-90 和人工 γ 放射性核素活度浓度未见异常。

表 2.8-10　核电基地周围陆地水监测结果[1][2]

监测对象	核电基地名称	点位数	总α		总β		^{3}H[4]		^{90}Sr		^{137}Cs[5]	
			n/*m*[3]	范围/（Bq/L）	*n*/*m*	范围/（Bq/L）	*n*/*m*	范围/（Bq/L）	*n*/*m*	范围/（mBq/L）	*n*/*m*	范围/（mBq/L）
自来水出厂水、末梢水	田湾	1	4/4	0.03～0.06	4/4	0.12～0.29	1/4	0.91	/	/	0/4	—[3]
	福清	2	6/8	0.02～0.09	8/8	0.10～0.38	0/8	—	7/7	0.84～7.7	0/8	—
	大亚湾	3	10/12	0.01～0.04	12/12	0.03～0.08	0/12	—	/[3]	/	0/12	—
	阳江	2	7/8	0.01～0.09	8/8	0.04～0.06	0/8	—	8/8	0.13～0.72	0/8	—
	防城港	2	8/8	0.01～0.03	8/8	0.03～0.07	0/8	—	8/8	0.74～2.3	8/8	0.3～0.4
地表水	红沿河	1	/	/	/	/	2/2	0.32～0.35	2/2	2.3～2.3	2/2	0.2～0.2
	田湾	2	/	/	/	/	3/4	1.0～1.2	/	/	0/4	—
	秦山	3	0/4	—	4/4	0.09～0.16	8/12	3.6～32	12/12	1.8～3.1	0/12	—
	宁德	4	6/6	0.01～0.07	6/6	0.04～0.15	0/10	—	10/10	1.0～5.3	0/10	—
	福清	3	/	/	/	/	0/6	—	6/6	0.58～5.1	0/6	—
	大亚湾	3	/	/	/	/	0/6	—	/	/	0/6	—
	阳江	2	/	/	/	/	0/6	—	6/6	0.51～1.1	0/6	—
	防城港	2	/	/	/	/	0/4	—	4/4	0.65～2.9	4/4	0.3～1.0
	昌江	1	2/2	0.01～0.05	2/2	0.12～0.52	0/2	—	/	/	0/2	—
地下水	红沿河	2	4/4	0.14～0.16	4/4	0.07～0.07	6/6	0.26～0.28	6/6	1.5～2.2	5/6	0.2～0.2
	田湾	2	/	/	/	/	0/4	—	/	/	0/4	—
	秦山	3	0/12	—	12/12	0.11～0.78	8/12	6.0～72	12/12	1.4～2.7	0/12	—
	宁德	2	/	/	/	/	0/4	—	4/4	1.4～10	0/4	—
	福清	2	/	/	/	/	0/4	—	4/4	0.90～7.8	0/4	—
	大亚湾	2	/	/	/	/	0/4	—	/	/	0/4	—
	阳江	2	/	/	/	/	0/8	—	2/2	1.6～1.8	0/2	—
	防城港	2	/	/	/	/	0/4	—	4/4	0.40～1.6	2/4	0.3～0.4
	昌江	2	6/8	0.01～0.06	8/8	0.09～0.41	0/8	—	/	/	0/8	—

注：①表中范围为高于最小可探测活度浓度的测值范围。

②核电基地周围陆地水中其他人工 γ 放射性核素 ^{54}Mn、^{58}Co、^{60}Co、^{65}Zn、^{95}Zr、^{110m}Ag、^{124}Sb、^{134}Cs、^{144}Ce 等均未检出。

③表中符号说明："*n*" 表示 2016 年高于 MDC 样品数，"*m*" 表示 2016 年样品总数，"—" 表示不适用，"/" 表示监测方案未要求开展监测。

④红沿河核电基地周围水中氚的分析进行了电解浓缩处理。

⑤红沿河核电基地和防城港核电基地周围水中铯-137 的监测值为放化分析测值。

表 2.8-11 核电基地周围陆地水岸边沉积物和沉积物监测结果①

监测对象	核电基地名称	点位数	^{90}Sr		^{137}Cs		其他核素③	
			n/m②	范围/[Bq/(kg 干)]	n/m	范围/[Bq/(kg 干)]	n/m	范围/[Bq/(kg 干)]
岸边沉积物	红沿河	1	1/1	0.81	1/1	0.7	0/1	—②
	秦 山	2	2/2	0.76～0.85	0/2	—	0/2	—
	宁 德	3	3/3	0.24～0.80	2/3	3.0～3.0	0/3	—
	福 清	3	1/3	0.25	0/3	—	0/3	—
	防城港	2	2/2	0.22～0.84	0/2	—	0/2	—
水底沉积物	红沿河	1	1/1	0.79	1/1	0.9	0/1	—
	田 湾	2	/②	/	0/2	—	0/2	—
	阳 江	2	2/2	0.092～0.25	0/2	—	0/2	—

注：①表中范围为高于最小可探测活度浓度的测值范围。

②表中符号说明："n"表示 2016 年高于 MDC 样品数，"m"表示 2016 年样品总数，"—"表示不适用，"/"表示监测方案未要求开展监测。

③其他核素包括 ^{54}Mn、^{58}Co、^{60}Co、^{95}Zr、^{110m}Ag、^{134}Cs、^{144}Ce 等人工 γ 放射性核素。

表 2.8-12 核电基地周围海域海水监测结果①

核电基地名 称	点位数	^{3}H③		^{90}Sr		^{137}Cs④		其他核素⑤	
		n/m②	范围/（Bq/L）	n/m	范围/（mBq/L）	n/m	范围/（mBq/L）	n/m	范围/（mBq/L）
红沿河	1	2/2	0.40～0.42	2/2	1.9～1.9	2/2	1.0～1.1	0/2	—②
田 湾	4	8/8	1.7～11	8/8	1.2～2.4	8/8	0.9～1.6	0/8	—
秦 山	4	7/8	2.0～5.4	8/8	1.4～2.1	0/8	—	0/8	—
宁 德	7	5/14	1.2～2.5	6/6	0.86～1.1	6/6	1.2～2.0	0/6	—
福 清	7	4/14	0.80～1.4	6/8	0.66～1.0	0/8	—	0/8	—
大亚湾	11	7/22	1.6～8.0	10/10	0.36～1.8	9/10	1.6～3.5	0/10	—
阳 江	12	0/24	—	8/8	0.52～1.3	8/8	0.9～1.7	0/8	—
防城港	3	0/6	—	6/6	0.53～2.8	6/6	0.5～0.9	0/6	—
昌 江	5	0/10	—	3/3	0.25～1.3	6/10	1.4～2.1	0/10	—

注：①表中范围为高于最小可探测活度浓度的测值范围。

②表中符号说明："n"表示 2016 年高于 MDC 样品数，"m"表示 2016 年样品总数，"—"表示不适用。

③红沿河核电基地周围水中氚的分析进行了电解浓缩处理。

④田湾核电基地、红沿河核电基地和防城港核电基地周围海水中铯-137 的监测值为放化分析的测值。

⑤其他核素包括 ^{54}Mn、^{58}Co、^{60}Co、^{65}Zn、^{95}Zr、^{110m}Ag、^{124}Sb、^{134}Cs、^{144}Ce 等人工 γ 放射性核素。

表 2.8-13　核电基地周围海域沉积物和潮间带土监测结果①

监测对象	核电基地名称	点位数	^{90}Sr		^{137}Cs		其他核素③	
			n/m②	范围/[Bq/(kg 干)]	n/m	范围/[Bq/(kg 干)]	n/m	范围/[Bq/(kg 干)]
海底沉积物	红沿河	3	3/3	0.58～1.1	3/3	0.9～1.0	0/3	—②
	田　湾	3	3/3	0.14～1.2	0/3	—	0/3	—
	秦　山	4	4/4	0.46～0.73	3/4	0.3～0.4	0/4	—
	宁　德	3	0/3	—	3/3	2.4～3.5	0/3	—
	福　清	4	0/4	—	2/4	0.9～1.1	0/4	—
	大亚湾	4	2/4	0.027～0.034	4/4	0.6～1.2	0/4	—
	阳　江	4	3/4	0.033～0.046	4/4	0.4～1.0	0/4	—
	防城港	3	3/3	0.18～0.87	0/3	—	0/3	—
	昌　江	1	1/1	1.1	0/1	—	0/1	—
潮间带土	红沿河	3	3/3	0.67～1.1	0/3	—	0/3	—
	田　湾	2	2/2	0.27～0.65	2/2	0.6～1.2	0/2	—
	秦　山	2	2/2	0.44～0.58	2/2	0.8～1.1	0/2	—
	宁　德	4	2/4	0.16～0.27	3/4	1.5～3.0	0/4	—
	福　清	3	3/3	0.16～0.20	3/3	1.2～1.3	0/3	—
	大亚湾	2	2/2	0.035～0.051	1/2	0.9	0/2	—
	防城港	3	3/3	0.36～1.3	0/3	—	0/3	—
	昌　江	1	1/1	0.11	0/1	—	0/1	—

注：①表中范围为高于最小可探测活度浓度的测值范围。

②表中符号说明："n"表示 2016 年高于 MDC 样品数，"m"表示 2016 年样品总数，"—"表示不适用。

③其他核素包括 ^{54}Mn、^{58}Co、^{60}Co、^{95}Zr、^{110m}Ag、^{134}Cs、^{144}Ce 等人工 γ 放射性核素。

图 2.8-11　核电基地周围水中氚活度浓度监测结果

注：图中小于最小可探测浓度的监测值按最小可探测活度浓度的 1/2 参与统计。

2.8.2.4　土壤

2016 年，核电基地周围土壤中锶-90 和人工 γ 放射性核素活度浓度未见异常。

表 2.8-14 核电基地周围土壤监测结果①

核电基地名称	点位数	^{90}Sr		^{137}Cs		其他核素③	
		n/m②	范围/[Bq/(kg 干)]	n/m	范围/[Bq/(kg 干)]	n/m	范围/[Bq/(kg 干)]
红沿河	7	7/7	0.70～1.3	7/7	0.8～3.8	0/7	—②
田　湾	8	7/7	0.11～2.5	5/8	0.6～3.1	0/8	—
秦　山	5	5/5	0.38～0.66	4/5	0.6～3.2	0/5	—
宁　德	9	8/9	0.22～0.74	5/9	1.0～2.6	0/9	—
福　清	8	5/8	0.16～0.30	3/8	0.8～1.3	0/8	—
大亚湾	3	3/3	0.088～0.36	2/3	0.6～1.0	0/3	—
阳　江	3	6/6	0.065～0.65	6/6	0.6～2.5	0/6	—
防城港	10	10/10	0.065～1.6	2/10	0.7～0.7	0/10	—
昌　江	3	3/3	0.27～0.90	0/3	—	0/3	—

注：①表中范围为高于最小可探测活度浓度的测值范围。

②表中符号说明："n" 表示 2016 年高于 MDC 样品数，"m" 表示 2016 年样品总数，"—" 表示不适用。

③其他核素包括 ^{54}Mn、^{58}Co、^{60}Co、^{95}Zr、^{110m}Ag、^{134}Cs、^{144}Ce 等人工 γ 放射性核素。

2.8.2.5 生物

2016 年，秦山核电基地周围陆生植物和牡蛎中氚活度浓度高于本底水平，个别牡蛎样品中检出微量的银-110 m，生物样品中其他人工放射性核素活度浓度未见异常。

其余核电基地周围生物中人工放射性核素活度浓度未见异常。

表 2.8-15 核电基地周围生物中氚活度浓度监测结果①

监测对象	核电基地名称	组织自由水氚		有机结合氚	
		n/m②	范围/[Bq/(kg 鲜)]	n/m	范围/[Bq/(kg 鲜)]
陆生生物	红沿河	4/4	0.16～0.72	/②	/
	田　湾	/	/	4/4	0.030～0.73③
	秦　山	8/8	0.60～35	8/8	2.1～42
	宁　德	1/4	0.50	/	/
	福　清	0/4	—②	/	/
	大亚湾	/	/	2/4	0.18～0.19
	阳　江	0/12	—	0/12	—
	防城港	0/8	—	/	/
	昌　江	0/9	—	2/9	0.064～0.24
海洋水生生物	红沿河	4/4	0.33～0.74	/	/
	田　湾	/	/	5/5	0.13～0.19
	秦　山	1/2	8.9	0/1	—
	宁　德	1/6	1.2	/	/
	福　清	0/5	—	/	/
	大亚湾	/	/	2/3	0.21～0.32
	阳　江	0/22	—	0/22	—
	防城港	0/6	—	/	/
	昌　江	0/6	—	0/6	—

注：①表中范围为高于最小可探测活度浓度的测值范围。

②表中符号说明："n" 表示 2016 年高于 MDC 样品数，"m" 表示 2016 年样品总数，"—" 表示不适用，"/" 表示监测方案未要求开展监测。

③该测值范围包含了 1 个干茶叶样品的测值，其测值为 0.73，单位为 Bq/（kg 干）。

表 2.8-16　核电基地周围牡蛎中银-110 m 活度浓度监测结果①

核电基地名称	^{110m}Ag	
	n/m②	范围/[Bq/(kg 鲜)]
田　湾	0/2	—②
秦　山	1/1	0.015
宁　德	0/2	—
福　清	0/1	—
大亚湾	0/2	—
阳　江	0/4	—
防城港	0/2	—

注：①表中范围为高于最小可探测活度浓度的测值范围。

②表中符号说明："n"表示 2016 年高于 MDC 样品数，"m"表示 2016 年样品总数，"—"表示不适用。

第三篇

总结

3.1 $PM_{2.5}$是影响338个城市环境空气质量的主要污染指标

338个城市中有84个城市环境空气质量达标，占24.9%。254个城市超标，占75.1%，其中243个城市$PM_{2.5}$超标，占71.9%；197个城市PM_{10}超标，占58.3%；57个城市NO_2超标，占16.9%；59个城市O_3超标，占17.5%；10个城市CO超标，占3.0%；10个城市SO_2超标，占3.0%。以$PM_{2.5}$为首要污染物的天数占污染总天数的60.9%，以PM_{10}为首要污染物的占16.1%，以O_3为首要污染物的占22.5%，以NO_2为首要污染物的占0.6%，以SO_2为首要污染物的占0.3%，以CO为首要污染物的占0.1%。

3.2 酸雨发生面积略有减少，南方酸雨发生频率较高

2016年，酸雨发生面积约69万km^2，占国土面积的7.2%，比上年下降0.4个百分点。474个城市降水监测结果统计表明，全国城市（区、县）降水pH年均值范围为4.06（湖南株洲市）～8.14（新疆库尔勒市），均值为5.45，硫酸盐是降水中的主要致酸物质。以四川东部、重庆北部、湖北中部、安徽中部、江苏中部为分界线，酸雨发生频率大于5%的地区主要分布在南方地区；酸雨频率大于50%的地区主要分布在长三角、珠三角区域，福建中北部，江西东北部，湖南中部地区和重庆西南部地区。

3.3 全国地表水水质稳中趋好，部分断面持续污染严重

2016年，全国地表水可比的1 924个国考断面中，1 379个断面水质同比级别无变化，占71.7%；392个断面水质同比变好，占20.4%，其中331个好转1个级别，61个好转2个级别以上；153个断面水质同比变差，占8.0%，其中140个变差1个级别，13个变差2个级别以上。121个断面水质持续为劣V类。主要分布在海河流域（49个）、黄河流域（17个）、长江流域（15个）的河流，及乌伦古湖（3个）和呼伦湖（2个）等湖（库）。

3.4 全国近岸海域水质总体一般

2016年，全国近岸海域一类海水点位比例为32.4%，同比下降1.2个百分点；二类为41.0%，同比上升4.1个百分点；三类为10.3%，同比上升2.7个百分点；四类为3.1%，同比下降0.6个百分点；劣四类海水比例为13.2%，同比下降5.1个百分点。主要污染指标是无机氮和活性磷酸盐，部分海域pH值、石油类、阴离子表面活性剂、粪大肠菌群、化学需氧量、硫化物、滴滴涕、生化需氧量、铜、铅、非离子氨、锌和挥发性酚有超标现象。

3.5 城市道路交通两侧区域夜间噪声污染较严重

322个地级及以上城市昼间区域声环境质量平均值为54.0 dB（A），各城市区域声环境质量主要为二级和三级；320个地级及以上城市昼间道路交通噪声平均值为66.8 dB(A)，各城市道路交通噪声强度主要为一级和二级；309个地级及以上城市各类功能区昼间点次平均达标率均高于夜间，其中3类功能区昼间/夜间点次达标率最高，4a类功能区（道路交通两侧区域）夜间点次达标率最低。

3.6 全国生态环境质量"一般"

全国2 591个县域行政单元中，生态环境质量"优"的个数有548个，占国土面积的17.0%，"良"的个数有1 057个，占国土面积的27.9%；"一般"的个数有702个，占国土面积的22.2%；"较差"的个数有267个，占国土面积的29.0%；"差"的个数有17个，占国土面积的3.9%。生态环境质量"优"和"良"的县域主要分布在我国秦岭淮河以南以及东北的大小兴安岭和长白山地区，"一般"的县域主要分布在我国华北平原、东北平原中西部、内蒙古中部、青藏高原和新疆北部等地区，"较差"和"差"的县域主要分布在内蒙古西部、甘肃西北部、青藏高原北部和新疆大部等地区。

3.7 全国辐射环境质量总体良好

全国环境电离辐射水平处于本底涨落范围内，环境电磁辐射水平低于国家规定的电磁环境控制限值，核电基地运行所致公众个人年有效剂量远低于国家规定的剂量约束值。

附　表

2016 年 338 个城市六项污染物质量浓度

单位：CO 为 mg/m^3，其余均为 $\mu g/m^3$

省份	城市	SO_2	NO_2	PM_{10}	CO-95Per	$O_{3\text{-}8H}$-90Per	$PM_{2.5}$
北京	北京	10	48	92	3.2	199	73
天津	天津	21	48	103	2.7	157	69
河北	石家庄	41	58	164	3.9	164	99
河北	唐山	46	58	127	4.1	178	74
河北	秦皇岛	28	48	87	2.9	149	46
河北	邯郸	42	55	151	3.9	160	82
河北	邢台	52	61	144	3.8	154	87
河北	保定	39	58	147	4.4	174	93
河北	张家口	20	27	83	1.4	166	32
河北	承德	17	35	81	2.4	177	40
河北	沧州	36	47	109	2.7	182	69
河北	廊坊	18	52	112	3.5	182	66
河北	衡水	30	45	143	2.8	190	87
山西	太原	68	46	125	3.3	140	66
内蒙古	呼和浩特	28	42	95	2.8	148	41
辽宁	沈阳	47	40	94	1.7	162	54
辽宁	大连	26	30	67	1.5	155	39
吉林	长春	28	40	78	1.6	141	46
黑龙江	哈尔滨	29	44	74	1.8	103	52
上海	上海	15	43	59	1.3	164	45
江苏	南京	18	44	85	1.8	184	48
江苏	无锡	18	47	83	1.8	186	53
江苏	徐州	35	42	118	2.2	153	60
江苏	常州	22	42	90	1.6	175	53
江苏	苏州	17	51	72	1.5	167	46
江苏	南通	25	36	70	1.3	174	46

省份	城市	SO_2	NO_2	PM_{10}	CO-95Per	$O_{3\text{-}8H}$-90Per	$PM_{2.5}$
江苏	连云港	25	30	87	1.6	158	46
江苏	淮安	18	25	93	1.8	162	53
江苏	盐城	16	26	76	1.4	150	43
江苏	扬州	23	32	87	1.6	163	51
江苏	镇江	24	38	80	1.4	162	50
江苏	泰州	18	32	95	1.6	155	55
江苏	宿迁	18	32	86	2.3	150	56
浙江	杭州	12	45	79	1.3	171	49
浙江	宁波	13	39	62	1.2	149	38
浙江	温州	13	41	69	1.3	140	38
浙江	嘉兴	14	37	69	1.4	176	44
浙江	湖州	17	37	68	1.3	196	46
浙江	绍兴	15	38	69	1.4	146	46
浙江	金华	15	36	63	1.3	149	46
浙江	衢州	15	33	63	1.3	138	42
浙江	舟山	9	19	42	1	138	25
浙江	台州	9	22	60	1.2	147	36
浙江	丽水	9	24	49	1	132	33
安徽	合肥	15	46	83	1.6	150	57
福建	福州	6	30	51	1.1	116	27
福建	厦门	11	31	47	0.9	102	28
江西	南昌	17	33	78	1.6	138	43
山东	济南	37	48	146	2.3	178	76
山东	青岛	21	36	89	1.4	146	46
河南	郑州	29	56	143	2.8	177	78
湖北	武汉	11	46	92	1.7	160	57
湖南	长沙	16	38	73	1.4	150	53
广东	广州	12	46	56	1.3	155	36
广东	深圳	8	33	42	1.1	134	27
广东	珠海	9	32	42	1.1	144	26
广东	佛山	14	41	55	1.3	160	38
广东	江门	12	34	55	1.3	162	34
广东	肇庆	16	33	55	1.4	150	37
广东	惠州	8	24	45	1.1	133	27
广东	东莞	11	34	49	1.3	166	35
广东	中山	11	34	44	1.4	153	30

省份	城市	SO_2	NO_2	PM_{10}	CO-95Per	$O_{3\text{-}8H}$-90Per	$PM_{2.5}$
广西	南宁	12	32	62	1.3	114	36
海南	海口	6	16	39	0.9	107	21
重庆	重庆	13	46	77	1.4	141	54
四川	成都	14	54	105	1.8	168	63
贵州	贵阳	13	29	64	1.1	130	37
云南	昆明	17	28	55	1.5	122	28
西藏	拉萨	8	24	80	1	151	28
陕西	西安	20	53	137	3.1	162	71
甘肃	兰州	19	57	132	2.9	144	54
青海	西宁	31	42	113	3.2	128	49
宁夏	银川	57	37	111	2.6	147	56
新疆	乌鲁木齐	14	53	115	3.8	112	74
山西	大同	48	29	78	2.7	134	37
山西	阳泉	62	48	131	2.7	168	63
山西	长治	61	40	114	3.7	155	69
山西	临汾	83	34	120	5	136	74
内蒙古	包头	31	39	105	2.7	146	47
内蒙古	赤峰	32	19	77	2	127	37
内蒙古	鄂尔多斯	15	23	63	1.1	151	24
辽宁	鞍山	39	34	93	2.2	138	56
辽宁	抚顺	27	33	78	2.1	162	44
辽宁	本溪	36	33	74	2.1	137	45
辽宁	丹东	30	25	71	2	139	42
辽宁	锦州	52	37	81	2	180	55
辽宁	营口	23	28	73	1.6	178	44
辽宁	盘锦	27	28	67	1.6	178	40
辽宁	葫芦岛	47	36	87	2.5	172	47
吉林	吉林	23	30	69	1.5	151	42
黑龙江	齐齐哈尔	23	23	61	1.5	98	36
黑龙江	大庆	15	28	59	1.2	130	38
黑龙江	牡丹江	18	26	68	1.5	104	37
安徽	芜湖	21	45	75	1.8	116	53
安徽	马鞍山	20	34	75	2	158	49
福建	泉州	11	27	48	1	109	28
江西	九江	21	28	73	1.3	142	50
山东	淄博	59	53	133	2.9	182	77

省份	城市	SO_2	NO_2	PM_{10}	CO-95Per	$O_{3\text{-}8H}$-90Per	$PM_{2.5}$
山东	枣庄	36	29	137	1.6	170	77
山东	东营	48	40	121	2.2	186	65
山东	烟台	22	35	76	1.5	137	40
山东	潍坊	37	35	124	1.8	180	64
山东	济宁	42	42	114	2	169	70
山东	泰安	36	39	113	2.4	200	65
山东	威海	14	22	63	1.1	140	34
山东	日照	21	38	101	1.9	158	59
山东	莱芜	44	46	133	2.5	174	76
山东	临沂	29	43	128	2.4	168	67
山东	德州	34	39	151	2.8	197	82
山东	聊城	30	42	149	2.6	174	86
山东	滨州	36	37	125	3.1	138	74
山东	菏泽	34	36	141	2.4	181	81
河南	开封	28	40	122	2.7	152	72
河南	洛阳	38	48	129	3.5	189	79
河南	平顶山	30	43	125	2.1	165	75
河南	安阳	52	51	155	4.7	154	86
河南	焦作	40	48	141	3.9	166	85
河南	三门峡	33	39	127	3	162	66
湖北	宜昌	14	35	97	1.7	126	62
湖北	荆州	23	34	100	1.8	156	60
湖南	株洲	25	35	83	1.4	142	51
湖南	湘潭	25	37	85	1.4	142	51
湖南	岳阳	21	25	72	1.4	158	49
湖南	常德	19	23	80	1.8	136	56
湖南	张家界	7	21	72	2.2	124	48
广东	韶关	16	26	51	1.6	134	33
广东	汕头	14	21	48	1.2	132	30
广东	湛江	10	14	39	1.2	138	26
广东	茂名	13	14	47	1.2	112	30
广东	梅州	7	25	46	1.3	111	28
广东	汕尾	9	12	38	1.1	130	24
广东	河源	7	19	46	1.2	124	32
广东	阳江	7	20	44	1.4	137	31
广东	清远	14	37	52	1.6	144	36

省份	城市	SO_2	NO_2	PM_{10}	CO-95Per	$O_{3\text{-}8H}$-90Per	$PM_{2.5}$
广东	潮州	14	20	51	1.6	138	33
广东	揭阳	15	25	60	1.5	130	39
广东	云浮	16	28	51	1.4	116	34
广西	柳州	21	24	66	1.6	123	44
广西	桂林	17	27	64	1.7	135	47
广西	北海	9	13	44	1.3	136	28
海南	三亚	3	13	28	0.9	100	14
四川	自贡	15	33	99	1.5	116	73
四川	攀枝花	38	34	65	2.2	112	32
四川	泸州	18	29	87	0.9	154	64
四川	德阳	12	26	88	1.4	159	53
四川	绵阳	11	36	78	1.6	136	49
四川	南充	12	31	82	1.3	111	57
四川	宜宾	19	30	78	1.4	133	56
贵州	遵义	11	32	69	1.2	112	44
云南	曲靖	22	20	55	1.3	132	31
云南	玉溪	17	19	42	2.5	100	25
陕西	铜川	22	35	104	2.2	170	59
陕西	宝鸡	13	39	111	2.2	158	59
陕西	咸阳	20	49	149	2.6	174	82
陕西	渭南	22	47	139	2.7	173	76
陕西	延安	28	48	92	3	148	44
甘肃	嘉峪关	21	26	98	1	138	33
甘肃	金昌	37	17	104	1.9	128	32
宁夏	石嘴山	68	29	114	2.4	158	47
新疆	克拉玛依	7	18	55	1.9	128	30
新疆	巴音郭楞州	8	29	210	2.1	102	57
山西	晋城	70	40	111	4.1	128	62
山西	朔州	67	33	97	2	160	57
山西	晋中	88	36	109	3.1	142	62
山西	运城	67	36	108	4	110	65
山西	忻州	49	39	103	3.5	138	56
山西	吕梁	62	25	98	3.1	106	49
内蒙古	乌海	56	28	111	2.1	140	46
内蒙古	通辽	14	22	78	1.1	142	41
内蒙古	呼伦贝尔	6	20	56	0.9	104	30

省份	城市	SO_2	NO_2	PM_{10}	CO-95Per	$O_{3\text{-}8H}$-90Per	$PM_{2.5}$
内蒙古	巴彦淖尔	30	28	98	1.6	131	42
内蒙古	乌兰察布市	27	30	65	1.2	143	33
内蒙古	兴安盟	10	20	53	1.3	114	32
内蒙古	锡林郭勒盟	17	12	51	1	114	16
内蒙古	阿拉善盟	11	11	71	1	151	32
辽宁	阜新	39	26	83	2.2	132	44
辽宁	辽阳	27	29	83	2.3	158	47
辽宁	铁岭	23	30	83	1.4	160	48
辽宁	朝阳	35	22	69	2.7	114	39
吉林	四平	22	32	76	1.5	130	46
吉林	辽源	24	28	63	1.9	156	46
吉林	通化	28	31	75	2.4	129	41
吉林	白山	34	27	81	2	136	50
吉林	松原	15	22	69	1.4	154	35
吉林	白城	12	20	74	1.1	118	48
吉林	延吉	14	23	49	1.5	116	31
黑龙江	鸡西	20	20	53	2.1	84	28
黑龙江	鹤岗	10	15	67	2	104	38
黑龙江	双鸭山	17	22	55	1.4	76	34
黑龙江	伊春	10	16	33	1	93	19
黑龙江	佳木斯	12	24	48	1.6	114	33
黑龙江	七台河	13	26	74	1.3	112	47
黑龙江	黑河	26	18	37	0.8	86	23
黑龙江	绥化	15	22	58	1.2	86	33
黑龙江	大兴安岭	28	19	43	1.8	85	22
安徽	蚌埠	21	38	90	1.4	158	61
安徽	淮南	19	35	85	1.7	148	56
安徽	淮北	24	42	87	1.9	161	58
安徽	铜陵	44	43	78	2.1	137	51
安徽	安庆	20	39	71	1.3	136	54
安徽	黄山	15	21	45	1	98	28
安徽	滁州	18	39	77	1.5	156	59
安徽	阜阳	20	38	88	1.6	144	62
安徽	宿州	23	40	86	2	152	65
安徽	六安	13	35	73	1.3	146	46
安徽	亳州	27	35	83	1.8	148	58

省份	城市	SO_2	NO_2	PM_{10}	CO-95Per	$O_{3\text{-}8H}$-90Per	$PM_{2.5}$
安徽	池州	20	33	66	1.5	131	44
安徽	宣城	21	38	68	1.2	96	51
福建	莆田	8	19	44	0.9	132	30
福建	三明	15	27	46	2.1	106	26
福建	漳州	15	31	65	1.2	114	33
福建	南平	11	18	37	1.4	112	25
福建	龙岩	10	25	44	1.2	125	24
福建	宁德	6	26	46	1.6	120	27
江西	景德镇	8	16	68	1.2	132	42
江西	萍乡	30	21	88	2.2	136	57
江西	新余	30	26	76	2	118	43
江西	鹰潭	32	24	59	1.1	139	41
江西	赣州	26	24	68	1.8	128	45
江西	宜春	28	26	79	1.5	132	51
江西	上饶	32	31	70	1.2	142	41
江西	吉安	24	22	66	1.3	125	46
江西	抚州	15	20	63	2	116	41
河南	鹤壁	42	52	128	4.1	153	73
河南	新乡	40	49	143	3.6	172	84
河南	濮阳	29	42	136	2.9	176	68
河南	许昌	28	47	122	2.9	158	68
河南	漯河	28	39	130	2.1	163	77
河南	南阳	25	30	118	2.1	171	62
河南	商丘	23	32	127	1.7	158	77
河南	信阳	14	28	96	1.6	148	58
河南	周口	21	29	113	2.7	158	68
河南	驻马店	31	38	120	1.8	159	68
湖北	黄石	19	31	89	2.5	158	57
湖北	十堰	17	28	81	1.9	122	51
湖北	襄阳	15	32	93	2	152	64
湖北	鄂州	18	34	89	2	175	59
湖北	荆门	21	35	99	1.6	130	58
湖北	孝感	11	25	78	2.8	160	45
湖北	黄冈	9	25	75	1.7	176	51
湖北	咸宁	8	19	77	1.4	158	48
湖北	随州	10	25	88	2	152	56

省份	城市	SO_2	NO_2	PM_{10}	CO-95Per	$O_{3\text{-}8H}$-90Per	$PM_{2.5}$
湖北	恩施	10	19	69	1.5	94	48
湖南	衡阳	16	30	76	1.8	132	52
湖南	邵阳	31	22	77	1.5	137	54
湖南	益阳	27	29	82	1.7	150	44
湖南	郴州	16	27	70	1.8	126	41
湖南	永州	19	24	70	1.1	124	45
湖南	怀化	19	17	79	1.6	122	42
湖南	娄底	22	23	71	2.5	139	46
湖南	湘西	10	19	78	1	120	44
广西	梧州	11	22	57	1.6	112	39
广西	防城港	9	17	45	1.2	109	29
广西	钦州	17	20	54	1.4	118	37
广西	贵港	18	22	55	1.4	126	38
广西	玉林	25	24	53	1.6	118	34
广西	百色	13	15	62	0.8	110	41
广西	贺州	18	16	55	1.4	107	36
广西	河池	12	27	55	1.6	119	34
广西	来宾	22	21	58	1.6	126	41
广西	崇左	12	18	51	1.2	128	34
四川	广元	19	36	70	1.5	135	28
四川	遂宁	13	24	68	1.4	151	44
四川	内江	18	28	76	1.4	157	54
四川	乐山	17	34	80	1.7	143	54
四川	眉山	13	32	93	1.3	153	61
四川	广安	18	24	78	1.4	148	46
四川	达州	12	41	86	1.9	115	56
四川	雅安	15	27	68	1.6	118	42
四川	巴中	4	31	60	1.8	85	38
四川	资阳	17	20	95	1.2	156	49
四川	马尔康	9	13	35	1.2	118	19
四川	康定	23	30	38	1.1	78	22
四川	西昌	30	22	41	1.5	130	26
贵州	六盘水	19	27	71	1.3	91	41
贵州	安顺	23	15	38	1.1	114	28
贵州	铜仁	17	17	61	1.6	106	26
贵州	黔西南	16	18	43	1.6	105	22

省份	城市	SO_2	NO_2	PM_{10}	CO-95Per	$O_{3\text{-}8H}$-90Per	$PM_{2.5}$
贵州	毕节	15	25	43	1.4	107	29
贵州	凯里	10	24	47	1.2	108	31
贵州	都匀	27	18	47	1.7	118	30
云南	保山	12	13	40	2	126	22
云南	昭通	22	17	53	1.4	136	32
云南	丽江	9	12	23	1	100	16
云南	普洱	7	16	40	0.9	102	24
云南	临沧	11	13	41	1.2	118	27
云南	楚雄	23	21	35	1.2	110	22
云南	蒙自	22	12	70	1.1	132	44
云南	文山	10	16	45	0.9	123	30
云南	景洪	6	18	53	1.2	112	26
云南	大理	8	15	28	0.9	92	22
云南	潞西	12	20	47	1.6	132	32
云南	六库	9	12	37	1.2	94	20
云南	香格里拉	12	17	29	1.4	73	15
陕西	汉中	14	32	87	2.8	136	54
陕西	榆林	20	36	81	2.6	155	35
陕西	安康	20	20	70	2.2	133	47
陕西	商洛	20	26	72	3	141	39
甘肃	白银	42	27	95	1.4	112	39
甘肃	天水	27	36	80	2	134	42
甘肃	武威	23	27	97	2.7	140	39
甘肃	张掖	25	22	90	1.6	138	38
甘肃	平凉	19	39	85	2	134	42
甘肃	酒泉	15	32	125	1.2	138	44
甘肃	庆阳	37	19	72	1.6	137	36
甘肃	定西	25	31	75	1.6	128	36
甘肃	陇南	28	26	61	2	108	36
甘肃	临夏	22	38	83	2.6	134	40
甘肃	合作	19	22	70	2.2	146	38
青海	海东	22	41	114	2.3	130	46
青海	海北	19	13	76	1	154	32
青海	黄南	17	11	86	1.6	132	44
青海	海南	13	16	70	0.8	149	31
青海	海西	21	14	66	1.3	110	27

省份	城市	SO_2	NO_2	PM_{10}	CO-95Per	$O_{3\text{-}8H}$-90Per	$PM_{2.5}$
宁夏	吴忠	41	28	98	1.6	130	48
宁夏	固原	11	27	93	1.6	132	33
宁夏	中卫	31	21	100	1.5	144	45
新疆	吐鲁番地区	14	39	170	4.7	160	70
新疆	哈密地区	7	23	99	2.1	86	36
新疆	昌吉回族州	18	45	101	2.9	86	55
新疆	博尔塔拉蒙古州	18	22	74	3.1	127	33
新疆	阿克苏地区	14	37	235	2.8	156	92
新疆	克孜勒苏柯尔克孜州	5	16	291	2.1	126	82
新疆	喀什地区	13	36	436	3.9	129	158
新疆	和田地区	49	26	319	3.1	116	109
新疆	伊犁哈萨克州	21	34	68	4.8	126	41
新疆	塔城地区	7	13	35	2.1	117	19
新疆	阿勒泰地区	13	22	22	1.6	106	14
新疆	石河子	15	35	92	3	134	53
新疆	五家渠	16	31	116	3.5	126	76
西藏	昌都	10	21	59	2.2	134	24
西藏	山南	5	10	50	1	121	17
西藏	日喀则	10	15	42	0.8	133	29
西藏	那曲	28	26	106	2.3	74	57
西藏	阿里	16	17	35	1.1	86	20
西藏	林芝	6	9	24	0.8	108	12
青海	果洛藏族自治州	25	17	73	1.2	132	37
青海	玉树藏族自治州	13	12	39	2.7	87	17